Nikanol Arrey Akem

Uma avaliação comparativa do ciclo de vida de diferentes fontes de produção de energia

Nikanol Arrey Akem

Uma avaliação comparativa do ciclo de vida de diferentes fontes de produção de energia

Carvão Vs Nuclear Vs Hidroelétrica

ScienciaScripts

Imprint
Any brand names and product names mentioned in this book are subject to trademark, brand or patent protection and are trademarks or registered trademarks of their respective holders. The use of brand names, product names, common names, trade names, product descriptions etc. even without a particular marking in this work is in no way to be construed to mean that such names may be regarded as unrestricted in respect of trademark and brand protection legislation and could thus be used by anyone.

Cover image: www.ingimage.com

This book is a translation from the original published under ISBN 978-620-5-50860-2.

Publisher:
Sciencia Scripts
is a trademark of
Dodo Books Indian Ocean Ltd. and OmniScriptum S.R.L publishing group

120 High Road, East Finchley, London, N2 9ED, United Kingdom
Str. Armeneasca 28/1, office 1, Chisinau MD-2012, Republic of Moldova, Europe
Managing Directors: Ieva Konstantinova, Victoria Ursu
info@omniscriptum.com

Printed at: see last page
ISBN: 978-620-8-62785-0

Índice

LISTA DE ABREVIATURAS

1,4-DCB-Eq1,4-	Dichlorobenzene equivalent
ALOP	Agricultural land occupation
AQGs	Global Air Quality Guidelines
BWR	Boiling Water Reactor
CFC-11-Eq	Chlorofluorocarbon-11 equivalent
CO2	Carbon dioxide
DOE	Department of Energy
EPD	Environmental Product Declaration
FDP	Fossil depletion
FEP	Freshwater eutrophication
FETPinf	Freshwater ecotoxicity
GHG	Greenhouse gasses
GWP100	Global warming potential (100 years)
HTPinf	Human toxicity
IEA	International Energy Agency
IPCC	Intergovernmental Panel on Climate Change
IPP	Integrated Product Policy
IRP_HE	Ionising radiation
ISO	International Organization for Standardization
KWh	Kilowatt hours
LCA	Life Cycle Assessment
LCC	Life Cycle Costing
LCIA	Life Cycle Impact Assessment
LCIA	Life Cycle Inventory Analysis
LCI	Life cycle inventory
MDP	Metal depletion
MEP	Marine eutrophication

METPinf	Marine ecotoxicity
MJ	Megajoules
MWh	Megawatt-hour
N-eq	Nitrogen equivalent
NLTP	Natural land transformation
NMVOCs	Non-methane volatile organic compounds
Nox	Nitrogen oxides
ODPinf	Ozone depletion
PCC	Pulverized coal combustion
P-Eq	Phosphorus equivalent
PMFP	Particulate matter formation
PM	Particulates matter
POFP	Photochemical oxidant formation
PSH	Pumped-storage power plants
PWR	Pressurized water reactor
S-LCA	Social Life Cycle Assessment
SO2	Sulphur dioxide
TAP100	Terrestrial acidification (100 years)
TETPinf	Terrestrial ecotoxicity
U235-eq	Uranium 235 equivalent
ULOP	Urban land occupation
UO2	Uranium dioxide
US EPA	United States Environmental Protection Agency
WHO	World health organization

1. INTRODUÇÃO

Antecedentes

O aumento global da população mundial e a migração para áreas anteriormente desabitadas e o crescimento da tecnologia aumentaram a procura geral de energia, particularmente de eletricidade (Sayed *et al.*, 2020). No século passado, a produção de eletricidade tem sido um elemento essencial do sistema energético urbano (Like Wang *et al.*, 2019). Em 2019, o consumo global de energia primária aumentou 1,3%, abaixo da sua taxa média de 10 anos de 1,6% ao ano, e muito abaixo do aumento de 2,8% registado em 2018. O consumo caiu na América do Norte, Europa e CEI por área, e o crescimento na América do Sul e Central ficou abaixo da média. Em África, no Médio Oriente e na Ásia, o crescimento da procura esteve praticamente em linha com as médias da história (Looney, 2020). A China tem sido, de longe, o maior impulsionador do crescimento da energia primária, que representa cerca de três quartos do crescimento líquido global. A Índia e a Indonésia foram o segundo e terceiro maiores contribuintes, enquanto os EUA e a Alemanha registaram o maior decréscimo (Newell *et al.*, 2020: Looney, 2020). Considerando a energia por tipo de combustível, o crescimento em 2019 foi impulsionado pelas energias renováveis. Seguiu-se o gás natural, que, em conjunto, representou mais de três quartos do aumento total. Entretanto, o consumo de carvão diminuiu, uma vez que a sua quota no cabaz energético caiu para o seu nível mais baixo desde 2003 (Looney, 2020). Em 2019, as emissões aumentaram 0,5 por cento, o que é mais lento do que a sua média de 10 anos, tendo-se registado um forte aumento significativo de 2,1 por cento em 2018 (Newell *et al.*, 2020: Looney, 2020). A Agência Internacional da Energia (AIE) previu um declínio de 6% na utilização de energia, levando a uma queda de 8% nas emissões globais de CO2 em 2020, e um aumento das emissões em 2021 se a atividade económica regressar aos níveis pré-pandémicos (Looney, 2020). De acordo com as estatísticas de maio de 2020, o carvão representava cerca de 27%

da quota total de energia primária, enquanto a energia hidroelétrica representava 6,4% e a energia nuclear 4,3% da energia primária total. As três fontes de energia primária consideradas neste documento representam um total de aproximadamente 37,7 por cento da energia primária, enquanto o petróleo, o gás e outras energias renováveis representam um total de aproximadamente 62,3 por cento (Looney, 2020).

A indústria da energia é o maior poluidor tóxico do mundo (Barreira *et al.*, 2017: Perera, 2017), pelo que é fundamental recomendar ou selecionar fontes de energia (ou tecnologia) com baixo impacto ambiental (entre as três fontes de energia abordadas neste documento), a fim de reduzir o efeito devastador da poluição e proteger o ecossistema. O carvão tem sido uma das principais fontes de produção de eletricidade durante décadas. De acordo com a Agência Internacional de Energia (AIE), o carvão fornecia aproximadamente 41% das necessidades mundiais de eletricidade em 2014 (Barreira *et al.*, 2017), embora esta percentagem tenha caído para cerca de 27% em 2020 (Looney, 2020). As estatísticas indicam que o carvão, de todos os combustíveis, é o mais sujo. Incentivar a continuação da utilização do carvão sem prever salvaguardas ambientais adicionais só irá aumentar este abuso tóxico do ambiente e da nossa saúde (Keating, 2001).

Durante algumas décadas, a maioria das pessoas tem falado sobre a energia nuclear, que representou aproximadamente 4,3% das quotas de combustível da energia primária em 2019 (Looney, 2020), como um potencial substituto para o carvão e outros tipos de combustíveis fósseis, sendo que a utilização da energia nuclear reduz o número de gases com efeito de estufa (GEE) e outros poluentes libertados para o ambiente utilizando a energia do carvão. No entanto, tal como o carvão, a energia nuclear tem as suas desvantagens e impactos ambientais, que outra escola de ensino considera perigosos para o ambiente.

A energia hidroelétrica é responsável por quase um quinto da eletricidade mundial, ficando atrás apenas da eletricidade produzida a partir de combustíveis fósseis (carvão, petróleo e gás). Há mais de uma década que a energia hidroelétrica fornece eletricidade limpa e acessível à indústria, à agricultura e aos proprietários de habitações, estando diretamente ligada ao crescimento e a um nível de vida mais elevado em todo o mundo. A energia hidroelétrica foi classificada como uma fonte de energia limpa e renovável; a energia hidroelétrica reduz a produção total de gases com efeito de estufa ao substituir outras formas de produção de energia. Em comparação com a maioria das outras fontes de energia renováveis, a energia hídrica pode fornecer uma quantidade significativa da eletricidade necessária em todo o mundo (Bagher *et al.,* 2015). No entanto, a energia hídrica também tem algum impacto no ambiente. A vida aquática pode ser afetada se os pescadores e outros animais aquáticos não puderem migrar para os locais de desova a montante, através das barragens de captação, ou se não puderem migrar para o oceano a jusante. A energia hidroelétrica pode também afetar a qualidade e o caudal da água. As centrais hidroeléctricas podem provocar uma redução dos níveis de oxigénio dissolvido na água, uma situação que é prejudicial para os habitats ribeirinhos (margens dos rios). As novas instalações de energia hidroelétrica podem ter um impacto no ambiente local e podem competir por operações de utilização do solo que podem ser mais valorizadas por uma comunidade do que a produção de eletricidade. Os seres humanos, a flora e a fauna podem perder o seu habitat natural durante a criação e o funcionamento de uma central hidroelétrica (Bagher *et al.,* 2015).

A produção de energia hidroelétrica tem um impacto ambiental reduzido em comparação com a produção de energia a partir do carvão e da energia nuclear. No entanto, os impactos ambientais globais podem ser melhor compreendidos e classificados quando as várias fontes de energia são estudadas numa perspetiva de ciclo de vida. A avaliação do ciclo de vida é uma técnica sistemática útil para quantificar os impactos ambientais de produtos, processos ou tecnologias durante as diferentes fases do seu ciclo de vida (Siddiqui e Dincer, 2017: Como Wang *et al.*, 2019).

Declaração do problema

Para compreender os danos causados pela energia do carvão ao ambiente, muitos estudos tentaram efetuar uma avaliação do ciclo de vida (ACV) comparando-a com a energia nuclear e a energia hídrica. Tendo em conta o facto de o âmbito da ACV permitir uma avaliação completa ou parcial, os resultados destes estudos não satisfizeram, em certa medida, as aspirações das partes interessadas, uma vez que recorreram a uma abordagem parcial que ignora aspectos como a eliminação de resíduos nucleares. Além disso, os resultados da ACV são de dois níveis: o nível de impacto intermédio e o nível de impacto final. Mas a maioria dos estudos de ACV em centrou-se no potencial de gases com efeito de estufa (GEE) dos diferentes tipos de energia, que se enquadra numa das três categorias de impacto final. Chegar a uma conclusão com base numa categoria de impacto em vez das três é outro motivo de preocupação. A avaliação dos impactos ambientais de um produto, processo ou tecnologia apenas com base nas emissões de GEE pode ser enganadora. Pode verificar-se que uma tecnologia de produção de energia emite maiores emissões de GEE em comparação com outras tecnologias, no entanto, se forem consideradas outras emissões, como o CAC e outros potenciais impactos ambientais, pode ter factores de impacto significativamente mais baixos (Siddiqui e Dincer, 2017: Como Wang et al., 2019). Portanto, para entender os prós e contras desses tipos de energia, é primordial realizar um estudo comparativo. As inadequações de estudos anteriores para realizar uma avaliação completa do berço ao túmulo sobre estas três fontes de energia com resultados dados com base nas três categorias de impacto final (saúde humana, qualidade do ecossistema e esgotamento de recursos) exigiram a realização de uma avaliação do ciclo de vida do berço ao túmulo da geração de energia a carvão, nuclear e hídrica, seguindo as normas ISO (Organização Internacional de Normalização) (ISO 14040:2006 e ISO 14044:2006), e para comparar os seus impactos ambientais com base na análise dada através das três categorias de pontos finais. Isto abriu uma série de questões que este estudo tem de abordar.

Finalidade e objetivo

O objetivo geral desta investigação é efetuar uma avaliação comparativa do ciclo de vida "do berço ao túmulo" de diferentes fontes de energia (caso estudado: carvão vs energia nuclear vs energia hídrica).

A investigação incluirá objectivos específicos, tais como

- Para descrever as diferentes etapas que envolvem as três fontes de produção de energia
- Comparar os impactes ambientais causados durante todo o ciclo de vida da produção destes três tipos de energia.
- Aceder às etapas com maior impacto ambiental.
- Fazer uma recomendação sobre a fonte de energia e a tecnologia adequadas com base no seu impacto ambiental.

Questões de investigação

Para atingir o objetivo desta investigação, são colocadas quatro questões de investigação.

RQ1. Quais são as diferentes fases envolvidas na produção de eletricidade dos três tipos de energia?

RQ2. Quais são os vários impactes ambientais causados pelos diferentes tipos de energia?

RQ3. Que fases têm o maior impacto ambiental nas três tecnologias energéticas?

RQ4. Qual das três tecnologias de produção de energia é a mais amiga do ambiente, com base na avaliação do ciclo de vida?

2. REVISÃO DA LITERATURA

2.1 Visão geral das fontes de energia selecionadas

A energia é a força motriz do desenvolvimento tecnológico e económico. As escolhas energéticas globais têm consequências para o crescimento económico; o ambiente local, nacional e global; e até mesmo a forma de alianças políticas estrangeiras e compromissos de defesa nacional. Os países com diferentes níveis de riqueza enfrentam frequentemente numerosos desafios energéticos (Timur & Doğan, 2017). A energia pode ser amplamente convencional e não convencional.

Energia convencional: Estes tipos de energia são praticados há muito tempo e as suas tecnologias estão bem estabelecidas, por exemplo, carvão, petróleo, gás natural, energia hidroelétrica, energia nuclear, etc.

Energia não convencional: São fontes de energia que podem ser utilizadas com vantagem para a produção de energia e outras aplicações numa variedade de locais e situações. Estas fontes de energia são difíceis de armazenar e utilizar convenientemente, por exemplo, a energia solar, eólica, das marés e geotérmica, etc. (Kasban, 2017).

Com base na natureza, as fontes de energia podem ser classificadas em fontes de energia renováveis e não renováveis. As fontes de energia renováveis são fontes de energia ilimitadas e inesgotáveis que são continuamente reabastecidas pela natureza num curto período de tempo. As tecnologias de energias renováveis transformam estes recursos energéticos em formas de energia utilizáveis, como a eletricidade, o calor, os produtos químicos ou a energia mecânica (Gorjian, 2017). Estas incluem fontes de energia como a solar, a eólica, a das ondas, a das marés, a hídrica, etc. Enquanto as fontes de energia não renováveis, como o petróleo, o carvão, o gás natural, o nuclear, etc., são recursos naturais esgotáveis e limitados que não são repostos num curto período de tempo a uma escala comparável ao seu consumo (Timur & Doğan, 2017: Kasban, 2017: Gorjian, 2017).

2.1.1. Energia do carvão

O carvão é um combustível sedimentar preto ou castanho-escuro com mais de 50 por cento de material carbonoso em peso (Balasubramanian, 2016). O carvão é uma fonte de energia não renovável, uma vez que o seu desenvolvimento demora milhões de anos. O carvão está contido em camadas de rocha que foram compactadas e dobradas em colinas e montanhas durante milhões de anos. O carvão não só é o combustível fóssil mais abundante, como também é talvez o que tem a história mais longa. A utilização do carvão foi feita para obter calor desde o homem da caverna. A formação do carvão começou há milhões de anos a partir de plantas pré-históricas, em ambientes pantanosos, quando uma vasta área da terra foi engolida por enormes pântanos. Estes pântanos estavam cheios de fetos e plantas gigantes. À medida que estes fetos e plantas morriam, afundavam-se no fundo dos pântanos. Ao longo dos anos, camadas espessas de plantas foram cobertas por terra, sujidade e água e foram compactadas pelo peso que exercia pressão sobre elas (Balat, 2007: El Safty & Siha, 2013). Após um longo período de tempo, o calor e a pressão que tinham sido libertados sobre as camadas de plantas mortas, com um fornecimento restrito de oxigénio, provocaram a decomposição térmica e bacteriana do material vegetal, em vez da conclusão do ciclo do carbono se o oxigénio estivesse presente. Sob estas condições de decomposição anaeróbica, no processo de formação do carvão, formou-se um material rico em carbono chamado turfa. Na fase subsequente, em diferentes temperaturas e períodos, formaram-se quatro classes de carvão: lenhite, sub-betuminoso, betuminoso e antracite. (Schweinfurth, 2009). Como o carvão é feito de plantas que já foram vivas, o carvão é considerado um combustível fóssil! Uma vez que o carvão provém de plantas, e as plantas obtêm a sua energia do sol, também se diz que a energia do carvão provém do sol (Balat, 2007).

O carvão tem muitas aplicações importantes, mas sobretudo na produção de eletricidade, no desenvolvimento do aço e do cimento e no aquecimento de processos industriais. A utilização do carvão em casa para aquecimento e cozedura é significativa no mundo em desenvolvimento (El Safty & Siha, 2013). As principais reservas de carvão individual encontram-se nos EUA, Rússia, China, Índia e Austrália. Nestes países, o carvão é utilizado de forma significativa para produzir uma grande percentagem de eletricidade. Em alguns destes países, também oferece grandes benefícios económicos, uma vez que é exportado para outros países. A principal utilização do carvão é a produção de eletricidade; as centrais eléctricas a carvão produzem 41-42% da eletricidade mundial (Balat, 2007: El Safty & Siha, 2013).

Extração de carvão

A extração de carvão sofreu muitas alterações nos últimos anos. Os avanços tecnológicos tornaram a extração de carvão mais eficaz do que nunca. Os trabalhadores mineiros devem ter uma boa formação na utilização de ferramentas e equipamentos complexos e de última geração, para poderem lidar com a tecnologia e extrair o carvão da forma mais eficaz possível. É necessário conhecer todas as etapas e os vários métodos de extração de carvão (Balasubramanian, 2016: Bhandari *etal.,* 2018).

O carvão é extraído de duas formas: à superfície ou no subsolo (subterrâneo). O tipo de extração é definido pela posição do carvão em relação à superfície. Atualmente, a extração à superfície é predominante porque a maquinaria pesada torna económica a extração em grande escala de superfícies (Skrzypkowski, 2020: Tzalamarias *et al.,* 2019). O carvão extraído é processado e limpo na instalação de preparação após a extração (Balasubramanian, 2016: Mills, 2014). A seleção do método de extração depende principalmente da profundidade de enterramento da camada de carvão, da densidade da sobrecarga e da sua espessura.

As minas de superfície são normalmente produzidas com veios que se encontram relativamente perto da superfície, a profundidades inferiores a 50 m (180 pés). O carvão em profundidades entre 50 e 100 m é tipicamente extraído em profundidade, mas as técnicas de mineração de superfície podem ser usadas em alguns casos. Os carvões que ocorrem a profundidades inferiores a 100 metros são normalmente extraídos em profundidade (Mills, 2014). Nas situações em que o carvão se encontra próximo da superfície, a extração à superfície é feita para garantir uma remoção económica e a substituição da sobrecarga do solo e da rocha (U.S. EPA, 2008: Mills, 2014).

As minas subterrâneas são utilizadas em áreas onde os veios de carvão estão localizados demasiado fundo no subsolo e não podem ser economicamente extraídos para serem extraídos à superfície (Balasubramanian, 2016: U.S. EPA, 2008). As minas de carvão subterrâneas podem ser classificadas (como minas de deriva, de declive ou de poço) com base no tipo de entrada utilizada para alcançar o veio de carvão. As minas de deriva caracterizam-se por uma entrada horizontal ou quase horizontal, as minas de talude têm uma entrada angular na mina, enquanto as minas de poço utilizam entradas verticais para chegar ao veio de carvão (U.S. EPA, 2008: Agrawal *et al.,* 2016).

Após a extração, o carvão extraído é submetido a uma série de processos (preparação inicial do carvão, processamento do carvão, desidratação e secagem) na instalação de processamento do carvão para aumentar o poder calorífico e melhorar a qualidade do carvão, separando-o de impurezas como rochas, cinzas e enxofre, etc. O carvão processado (seco) é armazenado em silos de carvão para ser transportado para o utilizador final, como siderurgias, centrais eléctricas a carvão, fábricas de produção de cimento, produção de fibras e espumas de carbono, medicamentos, alcatrão e centros de produção de combustíveis sintéticos à base de petróleo (U.S. EPA, 2008).

Produção de eletricidade a partir do carvão

Embora o carvão tenha uma variedade de utilizações e aplicações, a mais predominante é a produção de eletricidade. O potencial de produção de eletricidade a partir do carvão desempenha um papel vital na produção mundial de eletricidade (Plewa & Strozik, 2017). As centrais eléctricas alimentadas a carvão são atualmente responsáveis por 27% da eletricidade global, o que faz do carvão a maior fonte de eletricidade a nível mundial (Looney, 2020). O carvão é utilizado para gerar eletricidade nas centrais eléctricas sob a forma de carvão a vapor, também conhecido como carvão térmico. Em primeiro lugar, o carvão é reduzido a um pó fino para aumentar a área de superfície, o que permite que o carvão arda mais rapidamente. O carvão em pó é então colocado num sistema de combustão de carvão pulverizado (PCC) com um mecanismo que sopra o carvão em pó para a câmara de combustão de uma caldeira onde é queimado a alta temperatura. Os gases quentes e a energia térmica produzidos pelo carvão queimado convertem a água nos tubos que revestem a caldeira em vapor. O vapor de alta pressão é então passado para uma turbina que contém um conjunto de lâminas em forma de hélice que são aquecidas pelo vapor, fazendo com que o eixo da turbina rode a alta velocidade. Depois de o vapor aquecido ter passado pela turbina, é condensado e devolvido à caldeira, onde é novamente aquecido, e o círculo continua. Numa extremidade do eixo da turbina está montado um gerador constituído por bobinas de fio cuidadosamente enroladas, que gera eletricidade quando as bobinas de fio rodam rapidamente num forte campo magnético. A eletricidade gerada na central é convertida em tensões mais elevadas, até 400.000 volts, que são utilizadas para uma transmissão económica e eficiente através de redes de linhas eléctricas.

Quando esta eletricidade de alta tensão se aproxima do ponto de consumo, como as casas e outros utilizadores finais, a eletricidade é reduzida para os baixos volts mais seguros de cerca de 100-250 sistemas de tensão utilizados no mercado doméstico (WCA, 2020: Plewa & Strozik, 2017: Campbell, 2013). A produção total de eletricidade a partir do carvão numa central eléctrica a carvão pode ser vista na figura 2.1 abaixo.

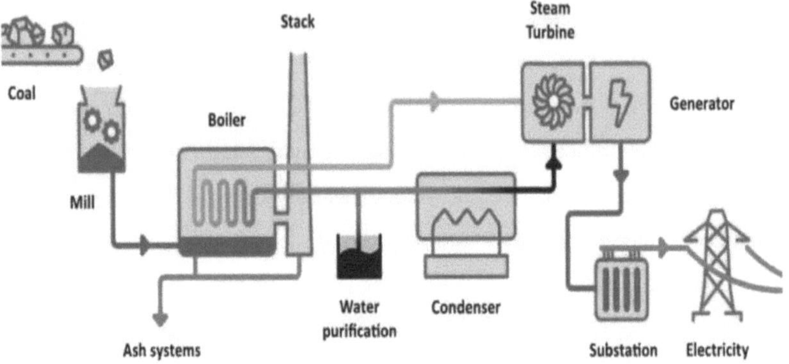

Figura 2.1. Como é produzida a eletricidade a partir do carvão (WCA, 2020).

2.1.2. Energia nuclear

A energia nuclear para fins comerciais foi aprovada em 1954, com a aprovação da tecnologia de cisão nuclear, e a primeira central nuclear entrou em funcionamento na cidade russa de Obninsk. Foi possível, pela primeira vez, satisfazer a procura de um mundo cada vez mais sedento de energia a um preço razoável. A energia nuclear provou ser uma forma de eletricidade extremamente fiável e estável. Uma vez que as centrais nucleares são encerradas para reabastecimento de combustível de dois em dois anos, aproximadamente, fornecem à população uma "carga de base" de energia eléctrica 24 horas por dia (Chater, 2005). No caso da fissão nuclear, os átomos de urânio (o combustível de fissão nuclear mais utilizado) dividem-se em elementos mais leves. O urânio é um metal radioativo que é extraído de minas, principalmente no Cazaquistão, no Canadá e na Austrália, que contribuem para mais de dois terços da produção mundial. O Cazaquistão produz a maior parte do urânio proveniente de minas (42%), seguido do Canadá (13%) e da Austrália (12%) do fornecimento mundial proveniente de minas em 2019.

(Wong, 2021: Associação Nuclear Mundial, 2020). Após o processo de separação do urânio, os elementos de combustível utilizados continuam a ser radioactivos e devem ser armazenados em depósitos de resíduos nucleares ou em piscinas de combustível irradiado. Estes depósitos de resíduos são frequentemente subterrâneos e requerem paredes espessas de metal ou betão para proteger o público das radiações, o que constitui uma das desvantagens da energia nuclear. A nível mundial, estão atualmente em funcionamento cerca de 440 reactores nucleares em 30 países, tendo a França uma das maiores centrais, que produziu cerca de 70% da eletricidade total produzida a partir de fontes nucleares em 2018. Prevê-se que a capacidade global de energia nuclear atinja 506 gigawatts até 2050 (Wong, 2021).

Extração de urânio

O urânio é um elemento que ocorre naturalmente e é mais abundante do que o ouro, a prata ou o mercúrio, e ligeiramente menos abundante do que o cobalto e o chumbo. Tem uma concentração média de 2,8 partes por milhão na crosta terrestre. Grandes quantidades de urânio estão também presentes nos oceanos; no entanto, o urânio oceânico tem uma concentração muito baixa (World Nuclear Association, 2020). A maioria dos depósitos de minério de urânio tem teores médios superiores a 0,10% de urânio, ou seja, superiores a 1000 PPM. Na primeira fase da extração de urânio, até à década de 1960, estes teores médios teriam sido muito bons. No entanto, atualmente, algumas minas canadianas possuem enormes quantidades de depósitos de minério de urânio com um teor médio de urânio até 20%. No entanto, a maioria das minas pode funcionar com sucesso com um teor de urânio muito baixo, de cerca de 0,02% U (World Nuclear Association, 2020: Hore-Lacy, 2013). As minas de urânio operam em cerca de 30 países, mas em 2019 cerca de 56% da produção mundial de urânio provinha de apenas dez minas em cinco países, como se pode ver na tabela 2.1 abaixo.

Quadro 2.1. As maiores minas de urânio produtoras em 2019 (World Nuclear Association, 2020).

Mine	**Country**	**Main owner**	**Type**	**Production (tonnes U)**	**% of world**
Cigar Lake	Canada	Cameco/Orano	underground	6924	13
Husab	Namibia	Swakop Uranium (CGN)	open pit	3400	6
Olympic Dam	Australia	BHP Billiton	by-product/underground	3364	6
Moinjum & Tortkuduk	Kazakhstan	Orano/Kazatomprom	ISL	3252	6
Inkai, sites 1-3	Kazakhstan	Kazaktomprom/Cameco	ISL	3209	6
Budenovskoye 2	Kazakhstan	Uranium One/Kazatomprom	ISL	2600	5
Rössing	Namibia	Rio Tinto	open pit	2076	4
SOMAIR	Niger	Orano	open pit	1912	4
Central Mynkuduk	Kazakhstan	Kazatomprom	ISL	1964	3
South Inkai (Block 4)	Kazakhstan	Uranium One/Kazatomprom	ISL	1601	3
Top 10 total				**30,032**	**56%**

Em geral, o processo de extração do urânio é quase idêntico ao de outros processos mineiros, exceto nos casos em que o minério tem um grau muito elevado. Nestes casos, são introduzidas técnicas mineiras especiais, como a supressão de poeiras e técnicas de manuseamento à distância (em casos extremos), para proteger os trabalhadores, limitar a exposição às radiações e garantir a segurança geral do ambiente e do público. A pesquisa de urânio é, na maioria dos casos, mais fácil do que a de outros recursos minerais, porque a assinatura de radiação produzida quando o urânio se decompõe facilita a identificação e o mapeamento dos depósitos a partir do ar (World Nuclear Association, 2020). Basicamente, a extração de urânio pode ser feita em ou a céu aberto e subterrânea, em lixiviação in-situ (ISL) e (ou) lixiviação em pilha.

O urânio proveniente da mina apresenta-se sob a forma de concentrado de U3O8 e, por conseguinte, é posteriormente refinado para remover outras impurezas. O urânio é então combinado com flúor numa instalação de conversão de urânio para produzir gás hexafluoreto de urânio (UF6). O enriquecimento do combustível de urânio é necessário para a maioria das centrais nucleares modernas (Giraldo *et al.*, 2012: Zohuri, 2018: Pioro & Duffey, 2015). Em geral, o urânio natural contém apenas cerca de 0,7% do isótopo físsil urânio-235. Por conseguinte, os restantes 99,3% são urânio-238 não físsil (IAEA, 2016). O processo de enriquecimento consiste em aumentar a percentagem de material cindível em cada quantidade de combustível (Pioro & Duffey, 2015: Zohuri, 2018). A Proporções de material físsil de cerca de 3-4% são necessárias para a maioria das centrais eléctricas modernas (IAEA, 2016: Giraldo *etal.,* 2012: Zohuri, 2018). Existem três métodos de enriquecimento de urânio: o processo de difusão gasosa, o método de centrifugação de gás e o enriquecimento por manipulação a laser. A técnica de difusão gasosa é o método mais predominante utilizado a nível mundial, em que o hexafluoreto de urânio é aquecido e alimentado através de vários filtros, por onde passam as partículas de U-235, ligeiramente mais leves, para criar um fornecimento enriquecido de combustível de urânio (IAEA, 2016: Pioro & Duffey, 2015). O processo de enriquecimento por centrifugação também utiliza hexafluoreto de urânio, mas o gás é empurrado para dentro de tubos de vácuo rotativos que separam os átomos mais pesados no exterior do tubo dos átomos mais leves de U-235 no interior a alta velocidade (Zohuri, 2018). O urânio enriquecido é posteriormente convertido em pó de dióxido (UO2), que é depois comprimido em pequenas pastilhas que são inseridas em ligas finas ou tubos de aço para criar uma barra de urânio para o reator (Giraldo *et al.,* 2012: Zohuri, 2018).

Produção de eletricidade a partir do urânio

O funcionamento de uma central nuclear é semelhante ao de uma central a carvão, exceto no processo de produção de calor (Giraldo *etal.,* 2012). Nas centrais nucleares, o calor provém de uma série de reacções de fissão controladas, que são utilizadas para produzir vapor para acionar as turbinas e gerar eletricidade. O urânio, como qualquer outro elemento, tem um átomo com um número fixo de partículas no seu núcleo (Pioro & Duffey, 2015: Zohuri, 2018). As partículas de carga positiva são chamadas protões, enquanto as partículas de carga neutra com a mesma massa dos protões são chamadas neutrões. Estes neutrões mantêm o núcleo unido por forças muito fortes, denominadas força nuclear, apesar de serem repelidos pelos protões de carga positiva. O núcleo está também rodeado por uma nuvem de partículas de carga negativa, os electrões. Exceto no caso do hidrogénio, que tem apenas um protão e não necessita de neutrões para unir o núcleo (Giraldo *et al.,* 2012: Zohuri, 2018). No entanto, outros isótopos do hidrogénio, como o deutério e o trítio, têm neutrões. Pelo contrário, o urânio é um elemento químico com uma estrutura complexa e tem 92 protões no seu núcleo. No entanto, o número de neutrões varia consoante o tipo de urânio, o que leva à formação de isótopos de urânio (Giraldo *et al.,* 2012). Estes isótopos são formas diferentes de urânio com as mesmas propriedades físicas, mas com um número diferente de neutrões. O urânio tem seis isótopos, dos quais três são naturais e três são sintéticos. Estes isótopos são designados pelo número de protões e neutrões no núcleo, por exemplo, o urânio-238 tem 92 protões e 146 neutrões, enquanto o urânio-234 tem apenas 142 neutrões, ou seja, menos 4 neutrões do que o urânio-238 (Giraldo *et al.,* 2012: Zohuri, 2018). A cisão é o processo pelo qual a energia nuclear é expelida. Quando o isótopo U-235 é bombardeado com neutrões lentos e de baixa energia, o isótopo U-235 é transformado em U-236, que tem uma vida muito curta. Este U-236 divide-se imediatamente em dois núcleos mais pequenos, libertando energia e mais neutrões, como se pode ver na figura 2.2 abaixo Giraldo *etal.,* 2012).

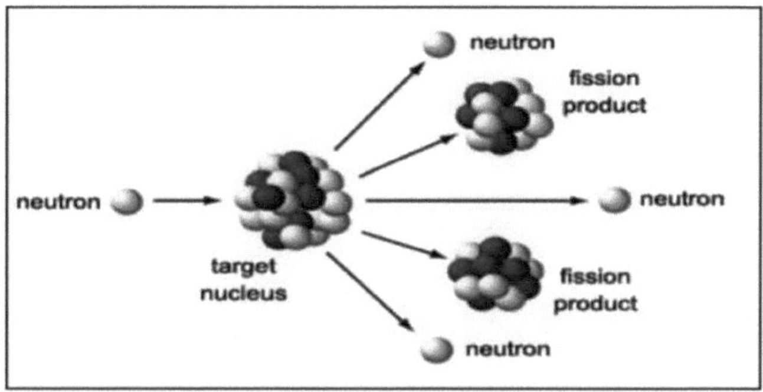

Figura 2.2. Fissão nuclear (Giraldo *et al.*, 2012)

Em situações em que os U-236 de vida curta são absorvidos por outros núcleos de U-235, pode ocorrer uma reação em cadeia e, se houver a absorção de alguns neutrões por outra substância para abrandar a reação (como num reator nuclear), pode ocorrer uma explosão, como no caso de uma bomba nuclear, como mostra a figura 2.3 abaixo (Giraldo *et al.*, 2012). Aproximadamente 60 por cento dos neutrões produzidos durante a cisão não induzem reacções de cisão subsequentes noutros núcleos. A maioria perde-se nas paredes do reator, é absorvida por restos de produtos de cisão e até pelo próprio combustível (Giraldo *et al.*, 2012). O número estimado de neutrões que desencadeiam as reacções subsequentes é designado por "criticalidade", que deve ser preservada em aproximadamente 39% para a fissão do U-235, a fim de garantir uma reação em cadeia regulada (Pioro & Duffey, 2015: Zohuri, 2018: Giraldo *et al.*, 2012). Numa central, a criticalidade é preservada com a utilização de um moderador (barras de controlo de potência) constituído por 4 materiais absorventes de neutrões colocados no centro para absorver um determinado número de neutrões.

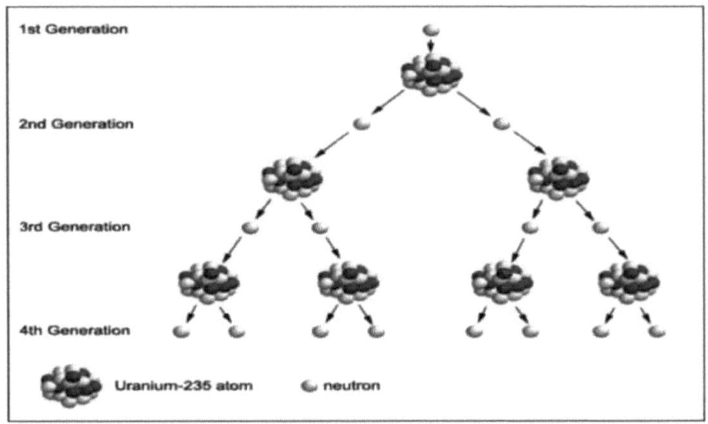

Figura 2.3. Reação nuclear em cadeia (Giraldo *et al.,* 2012)

Existem geralmente dois tipos de reactores nucleares: o reator de água pressurizada (PWR) e o reator de água a ferver (BWR). Ambos os reactores são constituídos pelos mesmos componentes principais, com barras de combustível de urânio com cerca de 3 metros de comprimento e um espaço no topo para a recolha de gases produzidos durante o processo de cisão (Pioro & Duffey, 2015: Zohuri, 2018). O reator de água fervente funciona da mesma forma que uma central eléctrica alimentada por combustíveis fósseis (IAEA, 2016). Na cuba do reator, é produzida uma mistura de vapor e água quando água muito pura é empurrada para cima através do núcleo, absorvendo calor ao longo do seu percurso. Uma das maiores diferenças no funcionamento de um reator de água em ebulição em relação a um reator de água pressurizada é a formação de um vazio de vapor no núcleo (Pioro & Duffey, 2015: Zohuri, 2018). A mistura vapor/água sai do topo do núcleo e entra em dois níveis de isolamento de humidade, onde as gotículas de água são separadas para que o vapor possa chegar à linha de vapor. A linha de vapor encaminha então o vapor para a turbina principal, forçando a turbina ligada ao gerador elétrico a rodar sob pressão para produzir eletricidade. O vapor não utilizado é enviado para o condensador onde é condensado em água. A água condensada é bombeada para fora do condensador através de uma série de bombas para o vaso do reator (Pioro

& Duffey, 2015).

Uma combinação de bombas de recirculação e de jato permite ao operador controlar o fluxo de refrigerante através do núcleo e alterar a potência do reator. Outra grande diferença entre os PWR e os BWR é que o vapor é produzido no gerador de vapor e não no reator. O PWR mantém a água que flui através do reator sob uma pressão muito elevada, superior a 2.200 libras por polegada quadrada, para evitar que ferva, apesar de as temperaturas de funcionamento poderem atingir mais de 600EF (IAEA, 2016: Pioro & Duffey, 2015). Uma ilustração das operações básicas de uma central de reator de água pressurizada (PWR) padrão pode ser vista na figura 2.4 abaixo.

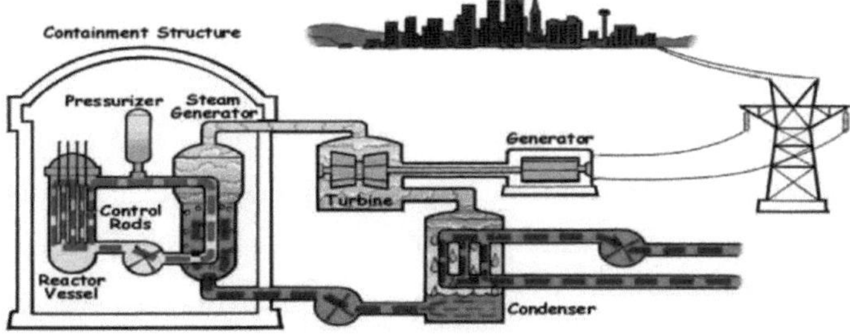

Figura 2.4. Ilustração das operações básicas de uma central PWR normal. O edifício da turbina e o centro de controlo estão separados da contenção do reator (St Andrews Research Repository, 2006)

2.1.3. Energia hidroelétrica

A energia hídrica é a forma de energia que é gerada a partir da água que se move num ciclo impulsionado pela radiação solar (Kumar A. *et al.,* 2012). O movimento da água faz parte de um ciclo natural contínuo conhecido como o ciclo da água. A radiação solar é absorvida pela superfície terrestre ou marítima, que aquece a superfície e provoca a evaporação da água das fontes disponíveis (Kumar A. *et al.,* 2012: IET, 2017: Corà, 2019). Uma enorme porção (cerca de 50%) de toda a radiação solar que atinge a superfície da Terra permite a evaporação da água e impulsiona o ciclo da água (Kumar A. *et al.,* 2012). A energia potencial submergida neste ciclo é talvez enorme. No entanto, apenas uma quantidade muito pequena desta energia pode ser tecnicamente desenvolvida (Kumar A. *et al.,* 2012: Corà, 2019). O vapor de água (água evaporada da terra e dos oceanos) move-se para a atmosfera e aumenta a quantidade de vapor de água na atmosfera (Corà, 2019). Os sistemas naturais de vento (globais, regionais e locais), que foram gerados e mantidos por alterações espaciais e temporais na entrada de energia solar, transportam o ar e o seu teor de vapor de água sobre a superfície da Terra, até milhares de quilómetros do local onde a evaporação ocorreu originalmente (Kumar A. *et al.,* 2012). O vapor de água acaba por se condensar e cair na Terra sob a forma de precipitação. A maior parte cai nos oceanos (cerca de 78%) e cerca de 22% em terra sob a forma de chuva, neve ou granizo. O precipitado (chuva, neve ou granizo) que atinge a terra cria um movimento líquido de água dos oceanos para a superfície terrestre (IET, 2017: Corà, 2019). Uma parte substancial deste precipitado flui de volta para os oceanos sob a forma de escoamento superficial dos rios e das águas subterrâneas e outra parte penetra no solo para formar as águas subterrâneas. É o fluxo de água nos rios que é utilizado para gerar energia hídrica, ou mais especificamente, a energia da água que flui no seu regresso ao oceano pela força da gravidade de altitudes mais elevadas para altitudes mais baixas (Kumar A. *et al.,* 2012: IET, 2017: Corà, 2019). A energia hídrica é considerada uma fonte de energia renovável porque o ciclo da água na Terra é continuamente reabastecido pela precipitação. Por conseguinte, se o ciclo da água continuar, a fonte de energia hídrica não se esgotará (IET, 2017: Corà, 2019).

A energia hídrica é gerada sob a forma de hidroeletricidade. Para gerar hidroeletricidade, a água a ser utilizada tem de estar em movimento, de modo a obter energia cinética (em movimento). Quando a água em movimento faz girar as pás de uma turbina, a forma de energia é convertida de energia cinética em energia mecânica (máquina). A turbina faz então girar o rotor do gerador que converte esta energia mecânica numa nova forma de energia (eletricidade). Esta forma de energia é designada por energia hidroelétrica ou, abreviadamente, energia hídrica, uma vez que a água é a fonte inicial de energia (Corà, 2019). Antes da introdução da energia eléctrica comercial, a energia hídrica era utilizada no passado para a irrigação e o funcionamento de diferentes máquinas, como moinhos de água, máquinas têxteis e serrações. Ao utilizar a água para a produção de energia, a humanidade trabalhou com a natureza para alcançar um estilo de vida preferível. A tecnologia de conversão da energia mecânica da água em queda é um recurso antigo utilizado para serviços e a produção foi utilizada pelos gregos há mais de 2 milénios para fazer girar rodas de água para moer trigo em farinha (Kumar A. *et al.,* 2012). A energia hídrica é uma tecnologia específica do local que precisa de personalizar as caraterísticas relevantes da hidrologia, topografia e geologia locais. No entanto, embora a arquitetura varie em função das circunstâncias locais, os principais componentes e os elementos básicos das centrais hidroeléctricas convencionais permanecem os mesmos (Corà, 2019), como mostra a figura 2.5 abaixo.

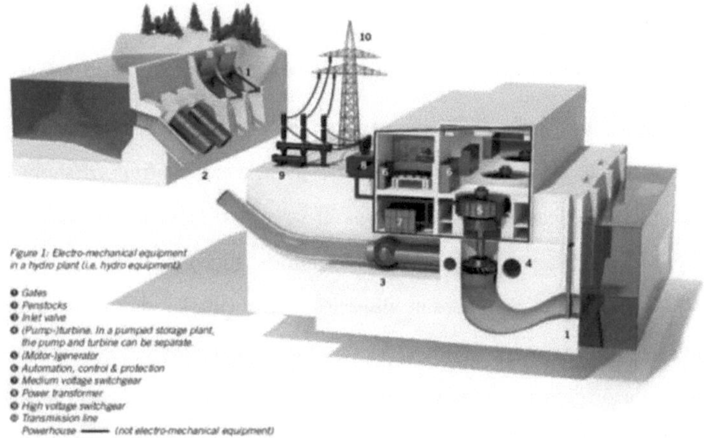

Figura 2.5. Os principais componentes e equipamentos de uma central hidroelétrica (Corà, 2019)

Geralmente, a quantidade de energia que pode ser produzida por uma central hidroelétrica é proporcional ao produto da queda hidráulica e do caudal. De acordo com Corà (2019, p. 9.), a carga hidráulica refere-se à diferença de níveis de água entre o ponto de entrada e o ponto de descarga de uma instalação específica. Enquanto o caudal de água (ou descarga) é o volume de água, expresso em metros cúbicos por segundo, que passa por um ponto em cada período de tempo (IET, 2017: Corà, 2019). Quanto maior for o volume da cabeça hidráulica e a taxa de fluxo de água de uma massa de água, maior será a energia potencial que pode ser convertida em eletricidade. Por conseguinte, as centrais hidroeléctricas com caudais baixos necessitam de caudais elevados e as centrais com caudais baixos necessitam de caudais elevados para gerar a mesma quantidade de eletricidade (Corà, 2019).

Existem predominantemente dois grupos principais de centrais hidroeléctricas que são classificadas em termos de funcionamento e de tipo.

1. Centrais hidroeléctricas com albufeira, que podem ser divididas em.
    - Centrais eléctricas de armazenamento.
    - centrais eléctricas de acumulação por bombagem.
2. as centrais eléctricas a fio de água, que não dispõem de qualquer reservatório.

Para além destes dois grupos principais, existem ainda outros tipos de centrais que podem ser observados em algumas partes do mundo: as centrais offshore e as centrais de marés, baseadas em tecnologias in-stream, e as centrais híbridas. Há outra escola de pensamento em que as centrais hidroeléctricas podem ser classificadas de acordo com a sua dimensão, em função da quantidade de eletricidade produzida (de quilowatts a vários gigawatts). Esta forma de classificação dá origem aos sistemas de classificação "mini-hídrica", "pequena-hídrica" e "grande-hídrica". No entanto, não existe uma definição globalmente aceite destas categorias, uma vez que vários países têm diferentes descrições legislativas das categorias de dimensão que satisfazem as suas necessidades energéticas locais. Como na maioria dos países europeus, onde se sabe que a "mini-hídrica" é inferior a 1 MW, a "pequena-hídrica" é inferior a 10 MW e a "grande-hídrica" é superior a 10 MW (Corà, 2019).

Centrais hidroeléctricas com reservatório

Central eléctrica de armazenamento: As centrais eléctricas de armazenamento (instalações de represamento) funcionam com base no represamento da água armazenada atrás de uma barragem. As instalações de represamento são tipicamente grandes sistemas hidroeléctricos que armazenam água num reservatório por meio de uma barragem (Petrescu & Petrescu, 2015). A água armazenada é libertada do reservatório e flui através de uma turbina, fazendo com que a turbina gire, o que, por sua vez, ativa um gerador para gerar eletricidade. Este processo é realizado para satisfazer as necessidades variáveis de eletricidade ou para manter um nível de água constante no reservatório (Petrescu & Petrescu, 2015: Corà, 2019). As centrais de armazenamento são vantajosas, uma vez que são menos dependentes do fluxo natural da água. Devido à sua capacidade de armazenamento, o seu funcionamento não depende do seu influxo hidrológico, uma vez que a água é armazenada durante as estações húmidas e utilizada na estação seca ou mesmo interanualmente. Assim, podem armazenar energia potencial suficiente para ser convertida em energia eléctrica quando necessário (Petrescu & Petrescu, 2015). Para este efeito, estas centrais são amplamente utilizadas para a monitorização intensiva da carga e para lidar com picos de procura, permitindo a utilização da produção de energia de base a partir de outras fontes de eletricidade menos versáteis. Quanto maior for a albufeira de uma central hidroelétrica, maior será o seu armazenamento (Corà, 2019).

Centrais eléctricas de armazenamento por bombagem (PSH): Esta é uma das tecnologias de armazenamento de energia mais desenvolvidas e utilizadas a nível mundial. Estima-se que as instalações de PSH representem 99% da capacidade de armazenamento de energia em todo o mundo (Samuel *et al.*, 2019). Funciona como uma bateria, utilizando a eletricidade gerada por outras fontes para mover a água entre reservatórios a diferentes altitudes, de modo a suprir picos de procura elevados. Durante os períodos de baixa procura de eletricidade, a capacidade de produção excedentária e a energia de diferentes fontes são utilizadas para bombear água para o reservatório mais elevado para armazenamento. Durante a procura elevada, a água é libertada para o reservatório inferior através de uma turbina, gerando assim eletricidade. Atualmente, a PSH é o meio economicamente mais importante de armazenamento de energia da rede em grande escala e melhora o fator de potência diário do sistema de produção de eletricidade (Petrescu & Petrescu, 2015: NHA, 2018).

Centrais eléctricas a fio de água

Estas centrais hidroeléctricas utilizam o fluxo natural de água num rio a montante para produzir eletricidade, sem necessidade de qualquer forma de armazenamento. No entanto, estas centrais são menos flexíveis do que as centrais hidroeléctricas de armazenamento (Hamant & Singh, 2013: Corà, 2019). As centrais hidroeléctricas a fio de água funcionam com a limitação de controlar com precisão o nível da água na tomada de água pelo caudal do rio que entra. Por conseguinte, o potencial de produção de energia depende, em certa medida, da carga hidráulica e do caudal do rio, podendo variar consideravelmente ao longo do ano (Hamant & Singh, 2013). Normalmente, as centrais hidroeléctricas a fio de água fornecem capacidade de carga de base, uma vez que as perspectivas hidrológicas são razoavelmente sólidas para os períodos de tempo disponíveis no sector da eletricidade (Corà, 2019). A configuração das centrais hidroeléctricas a fio de água difere consideravelmente e pode ser concebida tanto para grandes caudais com uma pequena queda num grande rio como para um pequeno caudal com uma queda elevada em zonas montanhosas. Em determinadas situações, uma parte da água do rio pode ser desviada para um canal, um túnel ou uma comporta para transportar a água para uma turbina hidráulica ligada a um gerador de eletricidade (Hamant & Singh, 2013: Corà, 2019). As centrais a fio de água também podem ser emparelhadas num esquema em cascata ou multiestágio; nesta situação, duas ou três centrais (até mais, em alguns casos) estão localizadas sequencialmente no mesmo rio (Corà, 2019).

Os sistemas em cascata podem gerar picos de energia durante algumas horas, dependendo do aumento paralelo da procura em todas as centrais eléctricas. Na zona superior da bacia hidrográfica está também situada uma central de armazenamento, que permite controlar o caudal de água e obter uma produção de energia constante a partir de centrais a fio de água a jusante, bem como gerar algumas horas de pico de energia em toda a cascata. Como o rio controlado flui regularmente de forma mais estável ao longo do ano, a cascata conjunta de barragens e reservatórios permite a otimização da produção de energia e pode mesmo ser utilizada para captar energia excedentária, minimizando o caudal do rio (Hamant & Singh, 2013: Corà, 2019). A eletricidade gerada pelas centrais hidroeléctricas com albufeira ou pelas centrais a fio de água flui para uma subestação, onde a tensão é regulada e distribuída ao utilizador final ou, na maioria dos casos, introduzida na rede eléctrica (Corà, 2019).

2.2. Impactos ambientais

Os problemas ambientais e a produção de energia estão intimamente relacionados. O crescimento esmagador da sociedade e o aumento da taxa de industrialização criaram uma sociedade rica em materiais através da produção em massa. O aumento da população desencadeou uma utilização em grande escala dos recursos naturais e da energia (Weijun *et al.,* 2018). A energia é a força de controlo essencial por detrás de todas as actividades económicas. Devido ao enorme uso de energia, tem havido muitas questões ambientais que tiveram um impacto significativo no ecossistema (Yusuf, 2014). A extração, a refinação, a distribuição e a utilização de óleos e outras fontes de energia têm impactos ambientais significativos, incluindo melhorias na utilização dos solos devido aos ciclos de combustível, incidentes associados à produção de eletricidade e outros problemas de saúde, que afectaram tanto o ambiente natural como o humano. As instalações energéticas correm o risco de fugas regulares e não intencionais de substâncias perigosas para a nossa sociedade (Kgabi, 2017). Os gases com efeito de estufa (GEE) e as emissões de poluentes atmosféricos partilham as mesmas fontes (transportes, indústria, zonas comerciais e residenciais). Todas estas fontes dependem do processamento, fornecimento e consumo de energia para as suas actividades diárias. A energia é, sem dúvida, a força motriz de todas as sociedades (Kgabi, 2017: Yusuf, 2014). No entanto, se não houver cuidado, a nossa sociedade degradar-se-á ao mesmo ritmo que os nossos recursos naturais. Por conseguinte, é fundamental selecionar as fontes de energia com um impacto ambiental limitado, em vez de apenas identificar e mitigar os problemas ambientais (Yusuf, 2014: Kgabi, 2017: Weijun *et al.,* 2018).

Impactos ambientais da energia do carvão

O carvão é, sem dúvida, uma das fontes de combustível mais abundantes e baratas para produzir e converter em energia útil (EIA, 2020). No entanto, a produção e a utilização do carvão afectam grandemente o ambiente. Antes de ser convertido em energia através da combustão, o carvão é primeiro extraído (minado) e tratado (EIA, 2020: El Safty & Siha, 2013). Os processos de extração e tratamento do carvão apresentam uma série de problemas ambientais. A maioria dos processos de extração de carvão envolve a remoção do solo e da rocha acima dos depósitos de carvão (veios).

O processo de remoção de topos de colinas e de mineração de preenchimento de vales tem afetado grandes áreas em todo o mundo (El Safty & Siha, 2013). Este sistema de extração de carvão emprega o uso de explosivos para remover topos de colinas, o que geralmente altera a paisagem de uma área (EIA, 2020: Barreira *et al.,* 2017). A água que escorre dos vales que foram preenchidos com materiais provenientes da extração de carvão pode conter poluentes que podem ser nocivos para os animais aquáticos se essa água de drenagem acabar nos rios e ribeiros. A paisagem é normalmente menos afetada pelas minas subterrâneas do que pelas minas de superfície (Baig & Yousaf, 2017). No entanto, a terra por cima dos túneis pode desmoronar-se e a água contaminada pode derramar-se das minas de carvão subterrâneas abandonadas. Além disso, o gás metano que reside nos depósitos de carvão nas minas subterrâneas pode explodir se estiver concentrado (Barreira *et al.*, 2017: Baig & Yousaf, 2017). Este metano de jazidas de carvão deve ser desviado para fora das minas para as tornar seguras para os trabalhadores. Durante a combustão do carvão nas centrais a carvão, são produzidas várias emissões principais que, se não forem retidas e tratadas na central, podem ser libertadas para o ambiente. Estas emissões têm efeitos devastadores no ambiente (EIA, 2020). Algumas das emissões e os seus efeitos na saúde e no ambiente podem ser vistos no quadro 2.2 abaixo.

Tabela 2.2. Emissões da central eléctrica a carvão e impactos ambientais conexos (Barreira *et al.*, 2017: Baig & Yousaf, 2017: EIA, 2020: El Safty & Siha, 2013)

Emissions	**Health and environmental effects**
Sulphur dioxide (SO_2)	Acid rain and respiratory illnesses
Nitrogen oxides (NO_x)	Formation of photochemical smog and respiratory illnesses.
Particulates matter (PM_{10} & $PM_{2.5}$)	Contribute to photochemical smog production, haze, respiratory illnesses, and lung disease.
Carbon dioxide (CO_2)	Primary greenhouse gas (Global warming potential).
Mercury and other heavy metals	Linked to both neurological and developmental damage in humans and animals.
Fly ash and bottom ash	Acidification potential.

O quadro 2.2 apresenta as emissões de uma central eléctrica a carvão e os seus impactos ambientais. O carvão é responsável por quase três quartos das emissões atmosféricas de SO2 do sector energético, 70% das emissões DE NOx e cerca de 90% das emissões de PM2,5 (EIA, 2020: El Safty & Siha, 2013). Estas substâncias têm sido associadas a efeitos graves para a saúde. Após a publicação das últimas diretrizes da Organização Mundial de Saúde (OMS) sobre a qualidade do ar (AQG) em 2015, vários relatórios epidemiológicos e toxicológicos comprovaram definitivamente estes resultados. Em 2013, a Greenpeace encomendou a um especialista em análise da poluição atmosférica a determinação da relação entre as centrais eléctricas a carvão e a poluição por PM2,5 na China (Barreira *etal.,* 2017: Burt *etal.,* 2013). A análise incluiu mais de 2.000 centrais eléctricas. O estudo atribuiu 9 900 mortes prematuras a 192 centrais eléctricas a carvão de Jingjinji em 2011, com 2 000 mortes em Pequim, 1 200 em Tianjin e 6 700 em Hebei. Os efeitos na saúde incluíram 11 110 casos de asma, 12 100 casos de bronquite prolongada, 1 010 internamentos hospitalares e 59 500 cuidados em ambulatório. Um estudo realizado em 2012 sobre o impacto na saúde das centrais eléctricas a carvão na produção de eletricidade na Índia relacionou mais de 41 000 mortes prematuras em 2008 com os poluentes emitidos pelas centrais eléctricas a carvão (Baig & Yousaf, 2017: Barreira *et al.*, 2017).

A central eléctrica a carvão tem potencial para desencadear impactos devastadores na saúde e no ambiente devido às suas emissões, como a formação de smog fotoquímico (Barreira *et al.*, 2017: Baig & Yousaf, 2017: EIA, 2020: El Safty & Siha, 2013). O mais devastador de todos estes factores é o potencial de aquecimento global que, nos últimos anos, conduziu às alterações climáticas. O Painel Intergovernamental sobre as Alterações Climáticas (IPCC) define as alterações climáticas como uma mudança nos padrões climáticos regionais e globais, em grande parte devido às actividades humanas (Riedy, 2016). Ao longo do ano, o aumento do efeito de estufa produzido predominantemente pelo sector da energia, para o qual as centrais eléctricas a carvão contribuem em grande medida (Keating, 2001), resultou no aquecimento global. O aquecimento global é um exemplo de alteração climática que conduz a outras alterações climáticas, como as mudanças na precipitação e a gravidade e ocorrência de fenómenos meteorológicos como secas, furacões, inundações e ondas de calor (Florides & Christodoulides, 2008: Anderson & Hawkins, 2016). Embora as palavras aquecimento global e alterações climáticas sejam utilizadas como sinónimos, as alterações climáticas são um conceito mais amplo que inclui tanto o aquecimento global como quaisquer alterações climáticas registadas. A maioria dos académicos acredita que os efeitos das alterações climáticas seriam catastróficos para os ambientes naturais e humanos e que as alterações climáticas representam um perigo existencial para a civilização humana (Riedy, 2016: Exploratorium, 2021). No entanto, estes impactos podem ser atenuados através da redução da quantidade destes poluentes libertada para a atmosfera. Nos últimos anos, a indústria do carvão identificou várias formas de remover o enxofre e outros resíduos do carvão. Desde então, a indústria identificou formas mais eficientes de limpar o carvão após a extração, e alguns utilizadores de carvão utilizam carvão com baixo teor de enxofre. As centrais eléctricas adoptaram um método de depuração com a utilização de equipamento de dessulfuração de gases de combustão, para limpar os resíduos de enxofre do gás antes de este sair das chaminés (Baig & Yousaf, 2017: Barreira *et al.,* 2017). Também tem havido ideias sobre como lidar com as emissões de dióxido de carbono da combustão do carvão utilizando a tecnologia de captura de carbono, que separa o CO2 do gás poluído pelas emissões e o recupera num fluxo concentrado (EIA, 2020). O CO2 pode então ser bombeado para o subsolo para armazenamento permanente ou sequestro. O princípio da reciclagem e reutilização pode também reduzir o impacto ambiental da produção e utilização do carvão. As áreas anteriormente utilizadas para a extração de carvão podem ser recuperadas e utilizadas para aeroportos, aterros sanitários e campos de golfe. Os resíduos recolhidos pelos purificadores podem ser utilizados no fabrico de produtos como o cimento e o gesso artificial para painéis de parede. O mundo está otimista de que, com o crescimento da tecnologia, surgirão melhores métodos de mitigação para lidar com estes problemas ambientais (EIA, 2020: Barreira *et al.,* 2017).

Impactos ambientais da energia nuclear

A energia nuclear tem sido uma das principais alternativas para o fornecimento de energia em vários países, como a França, a Rússia, a China, a Índia e muitos outros. Apesar da crítica universal maciça à energia nuclear após o acidente de Fukushima, estes países continuam empenhados em planos de desenvolvimento nuclear persistentes com medidas de segurança rigorosas (Lee *et al.,* 2016: Aly & Hussien, 2014). Existe uma opinião popular de que, ao contrário das centrais eléctricas alimentadas a combustíveis fósseis, as centrais nucleares não emitem poluição atmosférica nem dióxido de carbono durante o funcionamento. No entanto, tanto os métodos de extração e processamento do minério de urânio como a produção de combustível nuclear requerem uma quantidade significativa de energia. As centrais nucleares têm frequentemente grandes volumes de metal e trabalhos de construção maciços que consomem uma grande quantidade de eletricidade durante a produção (de metais) e a preparação. Se forem utilizados combustíveis fósseis para extrair e processar carvão de urânio, ou se forem utilizados combustíveis fósseis na construção de uma central nuclear, a poluição resultante da combustão desses combustíveis pode estar associada à eletricidade produzida pelas centrais nucleares (EIA, 2020: Erdogan *et al.,* 2016).

Os reactores e equipamentos desactivados e a produção de resíduos radioactivos, tais como resíduos de urânio, combustível de reator usado e outros resíduos radioactivos, constituem um problema ambiental significativo relacionado com a energia nuclear. Esses materiais podem permanecer radioactivos e prejudiciais para a saúde humana durante milhares de anos e, atualmente, não existe uma eliminação segura dos resíduos nucleares (Lee *et al.,* 2016: EIA, 2020: Erdogan *et al.,* 2016). A extração e o transporte de urânio são prejudiciais. A extração de urânio é um processo arriscado que expõe os seres humanos e a atmosfera à radioatividade. A extração de urânio conduz à contaminação e destruição da água. A exploração mineira resulta tanto na libertação sistemática e regular como em derrames não intencionais de água tóxica, levando à possível contaminação dos rios circundantes e prejudicando o clima natural e os habitantes humanos (Erdogan *et al.,* 2016).

Uma reação nuclear não regulamentada pode levar a uma poluição generalizada do ar e da água, como foi o caso dos três grandes acidentes com reactores nucleares ocorridos no passado: o de Three Mile Island, nos EUA, em 1979, o de Fukushima, em 2011, e o de Chernobyl, na Ucrânia, em 1986 (Aly & Hussien, 2014). Em todos estes acidentes foi libertado para a atmosfera um gás radioativo devastador que causou enormes efeitos na saúde e no ambiente e a perda de vidas. As emissões radioactivas não são o único perigo associado à energia nuclear, uma vez que as explosões causadas pela fusão de núcleos de reactores e outros incidentes ceifaram muitas vidas (Aly & Hussien, 2014). Durante a produção de energia nuclear, existem problemas significativos de segurança e de radiação (EIA, 2020). As actuais instalações nucleares utilizam melhores tecnologias e regulamentos de segurança mais rigorosos, que reduzem significativamente a possibilidade de futuros acidentes, mas o potencial para catástrofes graves mantém-se. No passado, as explosões nucleares resultaram em mortalidade, doenças permanentes e danos graves para o ambiente (Erdogan *et al.*, 2016).

As instalações nucleares libertam regularmente radiação de baixo nível, que pode representar um risco de cancro para os residentes. As centrais podem também libertar outros materiais perigosos (EIA, 2020: Erdogan *et al.*, 2016). Os sistemas de arrefecimento são também utilizados para evitar o sobreaquecimento das centrais nucleares. Este processo de arrefecimento por convecção está relacionado com problemas ambientais graves . Em primeiro lugar, o sistema de arrefecimento retira água dos rios e dos oceanos. Acidentalmente, os peixes são apanhados e mortos no sistema de arrefecimento. Em segundo lugar, depois de a água ter sido utilizada para arrefecer a central eléctrica, esta água é devolvida às grandes massas de água. Esta água de retenção tem uma temperatura de cerca de 25 graus mais quente do que a temperatura da massa de água. Uma água mais quente tem um impacto muito grande nos resíduos do ecossistema aquático (Lee *et al.*, 2016: EIA, 2020: Erdogan *etal.*, 2016). No entanto, os defensores da energia nuclear estão optimistas quanto ao aparecimento de novas tecnologias que ajudarão a mitigar alguns dos riscos associados à energia nuclear.

Impactos ambientais da energia hidroelétrica

A energia hídrica é considerada uma das fontes de eletricidade mais limpas e renováveis. Porque não são queimados combustíveis fósseis para gerar hidroeletricidade e o ciclo hidrológico está constantemente a funcionar naturalmente (BEI, 2019: Steinmetz & Sundqvist, 2014). Também é verdade que os benefícios económicos e sociais dos reservatórios utilizados na produção de energia hidroelétrica foram assumidos como superiores ao seu impacto negativo no passado, no entanto, existem algumas ramificações ambientais associadas ao aproveitamento desta fonte de energia que não podem ser ignoradas (Okuku *et al.*, 2015). De acordo com Steinmetz & Sundqvist, (2014), os impactos das centrais hidroeléctricas podem ser divididos em três categorias diferentes, os impactos de primeira, segunda e terceira ordem. Os impactos de primeira ordem podem ser referidos como impactos que ocorrem tanto a montante como a jusante. Por exemplo, os impactos relacionados com as alterações do regime térmico, as alterações da qualidade da água e a deposição de sedimentos nas albufeiras. Os impactos de primeira ordem subsequentes a jusante seriam atribuíveis a efeitos na velocidade da água, composição, qualidade da água, temperatura da água e diminuição do fluxo de sedimentos (Steinmetz & Sundqvist, 2014). Os impactos de segunda ordem terão origem nos impactos de primeira ordem e estarão relacionados com alterações abióticas e bióticas na estrutura ecológica, juntamente com a produtividade primária, tanto a montante como a jusante (Mayor, 2017: Steinmetz & Sundqvist, 2014). Os impactos de primeira ordem começam a surgir assim que o reservatório é construído, enquanto os impactos de segunda ordem são susceptíveis de ocorrer ao longo de vários anos. Os impactos de terceira ordem são o produto dos impactos de primeira e segunda ordem. Estes desenvolvimentos podem prolongar-se por vários anos antes de se conseguir um novo equilíbrio natural. Os impactos de terceira ordem estão relacionados com as consequências para os ecossistemas dos animais em geral (Steinmetz & Sundqvist, 2014). Os esquemas de produção hidroelétrica podem variar desde microestruturas que mal consomem terra e praticamente não têm efeito na hidrologia dos rios, até barragens gigantes maciças de até centenas de quilómetros quadrados (Mayor, 2017).

Muitas das grandes instalações hidroeléctricas levaram a uma alteração do ambiente circundante, especialmente em torno dos reservatórios gerados pelas barragens (Steinmetz & Sundqvist, 2014). Tal como a limitação do fluxo de água a jusante pode levar à destruição de habitats, a construção de barragens para produzir eletricidade em instalações de armazenamento e de armazenamento por bombagem também provoca inundações a montante que danificam os ecossistemas da vida selvagem, as zonas naturais e as terras agrícolas de primeira qualidade (Steinmetz & Sundqvist, 2014: BEI, 2019). Em alguns casos, estas inundações podem mesmo provocar a deslocação de pessoas. Embora a produção de eletricidade através da rotação de turbinas não utilize explicitamente combustíveis fósseis nem liberte gases com efeito de estufa, vários estudos recentes demonstraram que as albufeiras produzidas pelas barragens contribuem significativamente para os gases com efeito de estufa na atmosfera. Isto deve-se ao facto de o material biológico retido nas zonas húmidas, como a vegetação em decomposição, se decompor e libertar gases como o dióxido de carbono e o metano na albufeira, que acabam por ser libertados na atmosfera (BEI, 2019: Okuku *et al.*, 2015: Mayor, 2017). Um resumo dos impactos ambientais, sociais e económicos da produção de hidroeletricidade pode ser visto no anexo 1.

Apesar das ramificações negativas desta fonte de energia, existem possíveis métodos de mitigação para ajudar a melhorar os sistemas hidroeléctricos para que sejam mais amigos do ambiente (EnergySage, 2019). Uma dessas técnicas consiste em desenvolver a utilização dos solos ao longo das bacias hidrográficas a montante das barragens. Ao preservar o ecossistema natural na bacia hidrográfica do rio, as inundações serão mais contidas, o que também ajudará a reduzir as emissões de gases com efeito de estufa para a atmosfera provenientes das barragens, uma vez que haverá menos matéria orgânica em decomposição na água (EnergySage, 2019: Mayor, 2017). Também estão a ser feitos progressos para reduzir o efeito da energia hidroelétrica nas populações e na migração dos peixes. A maioria das centrais hidroeléctricas utiliza programas de captura e arrasto para capturar peixes, fazê-los passar pela barragem e libertá-los. Recentemente, o Departamento de

Energia (DOE) também financiou a investigação e a produção de "canhões de salmão", que disparam peixes migratórios sobre a barragem (EnergySage, 2019).

2.3. Avaliação dos estudos existentes

A realização de uma avaliação comparativa do ciclo de vida de diferentes fontes de energia não é um conceito novo. A extração de recursos, o transporte e a produção de energia em centrais eléctricas e os seus impactos ambientais têm sido objeto de interesse há décadas. No que diz respeito à produção de energia, muita investigação tem sido feita. No entanto, toda esta investigação não segue os mesmos métodos e processos de avaliação. Esta secção apresenta uma breve avaliação de seis avaliações de ciclo de vida importantes realizadas sobre a produção de energia. Embora a maioria dos estudos aborde e compare os impactos ambientais destas fontes de energia, não foram efectuadas análises e avaliações completas do berço ao túmulo. Os artigos, resumidos na Tabela 2.3 abaixo, foram escolhidos para representar uma grande variedade de metas e objectivos. A falta de uma análise à escala real na maioria dos artigos deve ser considerada ao analisar a sua utilidade para esta investigação com uma unidade funcional e um âmbito específicos. Estes artigos estão a ser examinados para comparar as metodologias e os resultados sobre o impacto de diferentes fontes de energia, a fim de melhorar a abordagem em estudos futuros.

Tabela 2.3. Resumo dos estudos revistos

Authors	Title	Journal	Year	Description
Like Wang *et al.*,	A comparative life-cycle assessment of hydro-, nuclear and wind power: A China study	Elsevier	2019	Nuclear & Hydro
Siddiqui and Dincer	Comparative Assessment of the Environmental Impacts of Nuclear, Wind and Hydro-Electric Power Plants in Ontario: A Life Cycle Assessment	Journal of Cleaner Production	2017	Nuclear & Hydro
Mafalda & Hanne	Life cycle GHG emissions of renewable and non-renewable electricity generation technologies	RE-Invest project	2019	Coal & Hydro
Turconi *et al.*,	Life cycle assessment (LCA) of electricity generation technologies: Overview, comparability, and limitations	Elsevier	2012	Coal, Nuclear & Hydro
Šerešová *et al.*,	Life Cycle Performance of Various Energy Sources Used in the Czech Republic	MDPI	2020	Coal, Nuclear & Hydro
Yang *et al.*,	Life Cycle Assessment of Fuel Selection for Power Generation in Taiwan	Journal of the Air & Waste Management Association	2012	Coal, Nuclear & Hydro

Os seis estudos efectuaram uma ACV comparativa de diferentes tecnologias de produção de energia, incluindo o carvão, a energia nuclear e a energia hidroelétrica. Like Wang and Co. (Like Wang *et al.,* 2019) fizeram uma avaliação exaustiva da ACV das tecnologias hidroelétrica, nuclear e eólica na China. Os seus resultados mostram claramente que a energia nuclear tem um impacto mais significativo no ambiente do que a energia hidroelétrica (o carvão não foi

considerado na
estudo). A investigação concluiu ainda que a energia hidroelétrica requer um maior consumo de materiais e energia durante a fase de construção. Siddiqui e Dincer (Siddiqui e Dincer, 2017) efectuaram uma abordagem abrangente de avaliação do ciclo de vida, comparando os impactos ambientais da produção de energia nuclear e hidroelétrica em Ontário, Canadá. A sua avaliação concluiu que as instalações de reservatórios hidroeléctricos com decomposição de biomassa têm um potencial de aquecimento global comparativamente mais elevado do que a energia eólica e nuclear. Além disso, verificou-se que a energia hidroelétrica tem impactos substancialmente baixos quando são consideradas outras categorias de impacto ambiental, como o potencial de acidificação, o potencial de eutrofização, o potencial de criação fotoquímica de ozono e o potencial de toxicidade humana. Mafalda e Hanne (Mafalda & Hanne, 2019) realizaram uma ACV de nove tecnologias de produção de eletricidade, incluindo a hidroelétrica e o carvão. De acordo com o seu relatório, a quantidade de gases com efeito de estufa gerados pelo carvão é aproximadamente 42 vezes superior à da energia hidroelétrica. Turconi *et al.* (2012) fizeram uma análise crítica de 167 estudos de caso de avaliação do ciclo de vida da produção de eletricidade, incluindo o carvão, a energia nuclear e a energia hidroelétrica. Os seus resultados sugeriram que o carvão tinha um impacto mais elevado e que as emissões diretas do funcionamento das centrais representavam a maior parte das emissões do ciclo de vida do carvão. Seresová *et al.* (2020) utilizaram o método LCA para avaliar os potenciais impactos ambientais das fontes de eletricidade na República Checa. A avaliação incluiu o carvão, a energia nuclear e a energia hídrica, entre outras fontes de eletricidade. Esta avaliação mostra que o carvão contribui de forma mais significativa para o aquecimento global, a utilização de recursos, o transporte de energia e as categorias de partículas. Ao mesmo tempo, a energia nuclear e a energia hidroelétrica têm um impacto ambiental significativamente menor. Yang *et al.* (2012) efectuaram uma avaliação do ciclo de vida para avaliar os impactos

ambientais da entrada de energia, das emissões para a atmosfera, da água e da eliminação de resíduos sólidos e de resíduos das centrais eléctricas de Taiwan. Tal como as outras avaliações, esta mostra que o carvão tem o impacto mais elevado, seguido do nuclear.

As seis avaliações tentaram efetuar uma ACV comparativa destas fontes de energia. No entanto, a sua forma de abordagem diferiu com base no âmbito da avaliação. Wang *et al.* (2019) excluíram as fases de extração mineira e de transporte, tendo apresentado resultados sobre a utilização dos solos, a depleção de recursos e a ecotoxicidade. Siddiqui e Dincer (2017) compararam os impactos hídricos, eólicos e nucleares com base no potencial de acidificação, no potencial de eutrofização, no potencial de criação de ozono fotoquímico e no potencial de toxicidade humana. Esta avaliação considerou as fases de extração, transporte, construção e eliminação de resíduos. Ao contrário dos outros artigos, Siddiqui e Dincer referiram que as instalações de reservatórios hidroeléctricos com decomposição da biomassa têm um potencial de aquecimento global comparativamente mais elevado do que a energia eólica e nuclear. Mafalda & Hanne (2019) fizeram uma avaliação do berço ao túmulo, integrando resultados e dados de outros artigos com emissões de gases com efeito de estufa e resultados climáticos. Este estudo ajustou alguns dos resultados iniciais para se adequar ao âmbito do estudo. Turconi *et al.* (2012) adotaram as etapas de fornecimento de combustível, operação da usina e infraestrutura, excluindo a extração de recursos, o transporte e a disposição de resíduos. Com resultados apresentados sobre GEE, NOx e SO2. Seresová *et al.* (2020) consideraram as etapas de construção, operação e descomissionamento das usinas e os impactos ambientais foram avaliados pela seleção de categorias de impacto através da metodologia da pegada ecológica do produto (mudanças climáticas, uso de recursos, minerais e metais, escassez de água e material particulado). Yang *et al.* (2012) incluíram um processo de mineração parcial (purificação de carvão e urânio), mas o estudo excluiu o processo de extração, e os resultados foram apresentados em oito categorias de impacto.

A maioria dos estudos de avaliação do ciclo de vida (incluindo os seis acima referidos) relativos a fontes de energia deixa a extração de matérias-primas e a eliminação de resíduos (sobretudo resíduos nucleares) fora dos limites do sistema ou da avaliação. Estas omissões não devem constituir um erro ou uma falta de compreensão da importância de uma ACV à escala real para um externo. Em vez disso, a maioria destas avaliações é efectuada à escala nacional para ajudar à tomada de decisões em países que não exploram em grande escala estes recursos naturais (carvão e urânio). Muitos destes países obtêm o carvão e o urânio já extraídos de outros países e não vêem a necessidade de incluir as fases de extração nas suas políticas nacionais. No entanto, é fundamental compreender a importância de uma avaliação do ciclo de vida em grande escala, com resultados baseados nas três categorias de danos.

3. METODOLOGIA

3.1. Quadro geral da ACV

A Avaliação do Ciclo de Vida é um método de avaliação do efeito e da utilização dos recursos. Quantifica e avalia o consumo de recursos, as emissões e o impacto na saúde e no ecossistema relacionados com vários produtos ao longo de todo o seu ciclo de vida (Moora, 2009: Dicks & Hent, 2014). Quantifica todas as trocas diretas com o ambiente, quer se trate de entradas (como a utilização do solo, a água e a energia) ou de saídas (emissões para o ar, a água e o solo). O conceito de "produto" não se limita aos sistemas de produtos e sistemas de serviços, como a gestão de resíduos (Dicks & Hent, 2014). Por conseguinte, a ACV é a avaliação sistemática de todo o ciclo de vida dos produtos, desde a extração de recursos até à produção, distribuição, utilização e eliminação de resíduos (ou seja, do berço ao túmulo) (ISO, 2006a, 2006b). Existem duas normas de ACV produzidas pela Organização Internacional de Normalização (ISO). A ISO 14040 e a ISO 14044, que também permitem uma ACV detalhada ou incompleta, ou seja, da extração à produção (from cradle to gates), da produção à produção (gates to gates), ou da produção à eliminação de resíduos (gates to grave) (ISO, 2006a, 2006b). As entradas e saídas (inventário do ciclo de vida (ICV)) são então classificadas de acordo com as suas várias categorias de impacto ambiental (tal como definido pela ISO), tais como a utilização dos solos, as alterações climáticas, etc., de modo a avaliar os seus potenciais impactos ambientais (Dicks & Hent, 2014: Sala *et al.*, 2016). Estes impactos ambientais podem ser apresentados em diferentes categorias ou agrupados (ponderação) para mostrar a sua importância relativa num único indicador de impactos ambientais (Comissão Europeia, 2012), tal como apresentado na figura 3.1 abaixo.

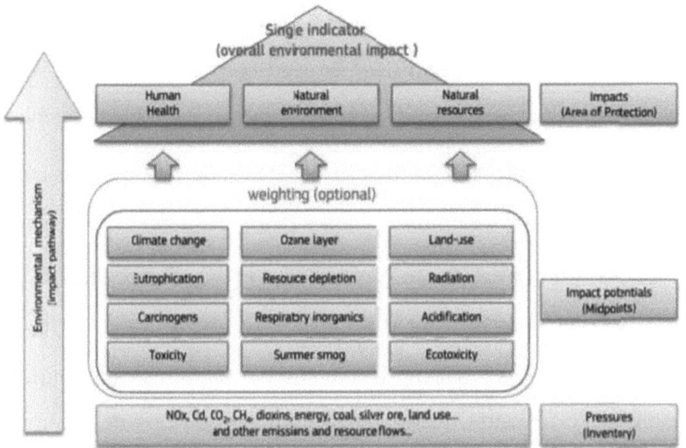

Figura 3.1: Avaliação do ciclo de vida - categorias de impacto (Comissão Europeia,

De acordo com a norma ISO (ISO, 2006a, 2006b), uma ACV completa deve ser efectuada seguindo uma abordagem normalizada com quatro etapas cronológicas (Figura 3.2 abaixo):

1. A definição do objetivo e do âmbito tenta definir a extensão do inquérito e indicar os métodos utilizados para o conduzir numa etapa posterior. É importante selecionar um sistema de produto, unidades funcionais, limites, métodos de atribuição e categorias de impacto durante esta fase de definição (Dicks & Hent, 2014: Sala *et al.*, 2016).

2. Inventário do ciclo de vida (ICV), em que os processos envolvidos são identificados, todos os dados relevantes (entrada e saída) são recolhidos e a afetação é realizada.

3. A avaliação do impacto do ciclo de vida (AICV) tem por objetivo compreender e avaliar a magnitude e a importância dos potenciais impactos ambientais. Isto inclui:

3.1 Seleção de categorias de impacto, indicadores para as categorias e modelos para quantificar as contribuições dos diferentes factores de produção e emissões para as categorias de impacto selecionadas.

3.2 Classificação, atribuição dos dados de inventário às categorias de impacto.

3.3 Caracterização e quantificação das contribuições para as categorias de impacto selecionadas.

4. Interpretação, em que os resultados da análise de inventário ou da avaliação de impacto, ou de ambas, são combinados de acordo com o objetivo e o âmbito definidos.

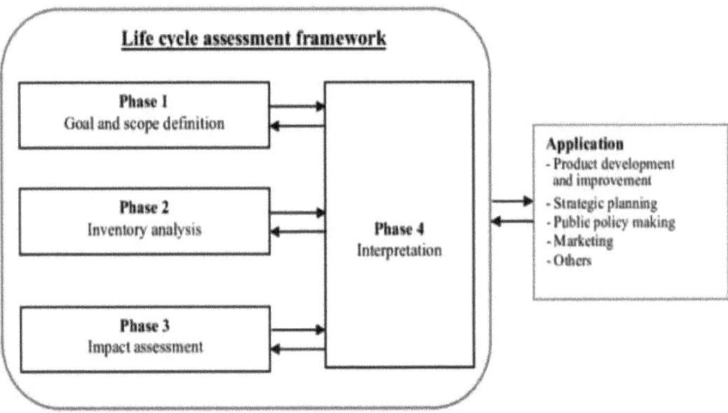

Figura 3.2. Quadro para a ACV de acordo com a norma ISO 14040 (ISO, 2006a, 2006b)

Para além dos elementos exigidos, podem ser utilizados elementos adicionais e opcionais na Avaliação de Impacto do Ciclo de Vida (AICV) (Marx, 2020). A ponderação pode ser incluída para combinar e potencialmente quantificar os resultados dos indicadores em todas as categorias de impacto, resultando num único resultado. O problema mais complicado (e, por conseguinte, uma limitação) é a subjetividade intrínseca das medidas de avaliação, em que vários efeitos ambientais também podem ser comparados entre si (Dicks & Hent, 2014: Moora, 2009: Marx, 2020).

A normalização é outro elemento adicional que relaciona a gravidade dos impactes com os valores de referência, por exemplo, a contribuição global para a categoria de impactes por país (Goedkoop *et al.,* 2016). Em geral, a ACV está a tentar conceber todos os impactos ambientais significativos de um sistema de produtos. Na prática, a ACV restringe-se sempre aos impactos ambientais que podem ser quantificados utilizando as metodologias actuais. Por exemplo, os impactos da poluição química perigosa e da utilização dos solos são pouco reflectidos em muitos modelos de ACV devido à insuficiência de provas e à falta de clareza da metodologia de avaliação (Goedkoop *et al.,* 2016: Sala *et al.,* 2016). Normalmente, a maioria das ACV inclui o aquecimento global, a acidificação e a eutrofização.

A ACV pode ser efectuada a vários níveis, dependendo da necessidade de orientação para a tomada de decisões. A disparidade entre os níveis está relacionada com o esforço despendido na recolha e medição de dados e com o pormenor, minúcia e precisão obtidos (Dicks & Hent, 2014).

Os três níveis principais de aplicação das ACV são os seguintes (Dicks & Hent, 2014: Moora, 2009):

1. Pensamento do ciclo de vida, avaliação concetual e qualitativa dos factores de produção, emissões, etc.

2. ACV simplificada ou de rastreio, incluindo informações quantitativas baseadas em dados facilmente disponíveis em bases de dados ou rastreios com recolha de dados limitada.

3. ACV pormenorizada ou completa, incluindo informações quantitativas e inventário de novos dados.

Para poupar tempo e esforço, é necessário que a avaliação seja simples desde o início (rastreio da ACV) e, se necessário, será efectuada uma avaliação mais aprofundada (Moora, 2009).

3.2. Materiais

openLCA 1.10.3 : Trata-se de um software de código aberto para a avaliação do ciclo de vida (ACV) e a avaliação da sustentabilidade. A GreenDelta tem vindo a desenvolver este software desde 2006 (www.greendelta.com). Sendo um software de fonte aberta, está disponível gratuitamente sem quaisquer custos de licença no sítio Web do projeto (www.openlca.org). Além disso, a natureza de código aberto software torna-o muito adequado para utilização com dados sensíveis. O openLCA pode ser utilizado para várias aplicações diferentes, por exemplo:

- ACV, cálculo dos custos do ciclo de vida (CCV), avaliação social do ciclo de vida (ACV-S)
- Pegadas de carbono e hídrica
- Declaração Ambiental de Produto (EPD)
- Rótulo "Design for the Environment" da Agência de Proteção Ambiental dos Estados Unidos (EPA)
- Política integrada de produtos (PIP)

A versão 1.10.3 utilizada nesta avaliação está integrada com algumas pequenas correcções de erros relevantes para os utilizadores da ferramenta de mapeamento de fluxos recentemente implementada e a ligação ao Servidor de Colaboração openLCA (Ciroth *et al.,* 2019). Para quantificar os impactos ambientais de um determinado sistema modelado, os métodos de avaliação de impacto devem ser importados no openLCA. Os métodos LCIA openLCA LCIA methods 1.18-1.10 foram importados do nexus como (https://nexus.openlca.org/) e utilizados na avaliação (Ciroth *et al.,* 2019: GreenDelta, 2020). Existem quatro elementos principais da base de dados necessários para a modelação e comparação de sistemas de produtos no openLCA; projectos, sistemas de produtos, processos e fluxos (GreenDelta, 2020).

Ecoinvent: Esta base de dados é a principal base de dados do Inventário do Ciclo de Vida (ICV) a nível mundial, proporcionando transparência e consistência. A base de dados ecoinvent fornece dados de processo bem documentados para milhares de produtos, ajudando-o a fazer escolhas verdadeiramente informadas sobre o seu impacto ambiental (Burhan *et al.,* 2020). A ecoinvent 3.7 é a versão mais recente desta base de dados, lançada em 2020, e inclui mais de 900 novos conjuntos de dados, 100 novos produtos e 1000 conjuntos de dados actualizados em (Moreno *et al.,* 2020). A Ecoinvent tem mais de 20 anos de experiência no desenvolvimento de metodologias de ACV e na recolha de dados de ICV para diferentes sectores industriais. O Ecoinvent permitiu que as empresas fabricassem os seus produtos seguindo os princípios ambientais, implementassem novos regulamentos e garantissem que os consumidores seguissem acções mais amigas do ambiente, implementassem novas políticas e adoptassem comportamentos mais amigos do ambiente. O Ecoinvent é utilizado numa vasta gama de avaliações ambientais, incluindo a ACV, a Declaração Ambiental de Produto (DAP), a Conceção Ambiental ou a Impressão da Pegada de Carbono. Permite também a realização de estudos com diferentes níveis de pormenor: Desde rastreios para respostas básicas e iniciais a estudos extensivos, como estudos revistos por pares e em conformidade com as normas ISO (Burhan *et al.,* 2020).

Microsoft Excel 2019 Office 365: Este é um poderoso programa de folha de cálculo eletrónico que pode ser utilizado para automatizar o trabalho de contabilidade, organizar dados e executar uma grande variedade de tarefas. O Excel foi concebido para realizar cálculos, analisar informações e visualizar dados numa folha de cálculo. Além disso, esta aplicação inclui funcionalidades de base de dados e gráficos. O Excel 2.0 foi a primeira versão do Excel e só estava disponível no Apple Macintosh. A primeira versão para Windows tinha a designação "2" para corresponder à versão para Mac. Esta versão incluía uma versão de tempo de execução do Windows lançada em 1987. O Microsoft Excel 2019 foi utilizado para reunir e organizar os dados de inventário do Ecoinvent em tabelas (Alexander & Kusleika, 2019).

3.3. Objetivo e âmbito

3.3.1. Objetivo do estudo

O objetivo desta investigação é realizar uma avaliação comparativa do ciclo de vida do berço ao túmulo de três fontes de energia (carvão vs nuclear vs energia hídrica).

O público-alvo desta ACV é o sector energético global, as agências ambientais e os decisores políticos. Os resultados podem ser utilizados para tomar decisões sobre a escolha de tecnologias energéticas, fazer sugestões de legislação e fornecer informações sobre as fases das fontes de energia em que podem ser efectuadas modificações amigas do ambiente.

3.3.2. Âmbito do estudo

O âmbito deste estudo fornece informações sobre as escolhas dos sistemas de produtos, as funções do sistema de produtos, a unidade funcional, o limite do sistema, os procedimentos de afetação, os requisitos de qualidade dos dados, os indicadores de avaliação do impacto do ciclo de vida e as categorias em que o estudo se centra, bem como os pressupostos e as limitações utilizados para definir o estudo.

Função e unidade funcional: Uma das primeiras fases essenciais da ACV é a definição de uma unidade funcional relevante e eficaz. A unidade funcional é um componente essencial da ACV (Ling-Chin *et al.*, 2016). É um indicador da função do sistema que está a ser estudado e fornece uma relação à qual as entradas e saídas podem ser ligadas. Isto torna possível comparar dois sistemas críticos. Nas análises comparativas de ACV, a opção correta da unidade funcional é importante e pode contribuir para discussões intensivas. Os três sistemas energéticos têm como função primária a produção de eletricidade, enquanto a produção de calor para aquecimento pode ser considerada uma função secundária. A unidade funcional determina a equivalência entre os sistemas e permite uma comparação entre os cenários de produção de energia (Palsson & Riise, 2011: Ling-Chin *et al.*, 2016). A escolha da unidade funcional nesta avaliação foi feita com base na função primária dos três sistemas de energia. Este estudo define uma unidade funcional de 1 megawatt-hora (Mwh) de eletricidade produzida nas centrais eléctricas. 1 Mwh é igual a 1000 Kilowatt-hora (Kwh) e 3.600 Megajoules (MJ). A unidade funcional de 1 Mwh foi escolhida em vez de 1 Kwh porque algumas emissões associadas à produção de eletricidade de 1 kWh podem ser negligenciáveis, não sendo assim registadas ou consideradas nos resultados desta avaliação. A seleção de 1 Mwh em vez de 1 Kwh oferece um certo grau de garantia de que a maioria, se não todas, as emissões serão registadas. Assim, todos os dados do estudo estão relacionados com esta quantidade de energia produzida e os impactes ambientais são expressos com bases em 1 MWh.

Sistemas de produtos e fronteiras do sistema: Os sistemas de produtos neste estudo incluem três cenários de produção de energia (carvão, nuclear e hidroelétrica). O estudo considerou todas as fases dos sistemas de produtos, desde a extração de matérias-primas até à eliminação de resíduos, não deixando de fora o desmantelamento das centrais eléctricas. Os limites do sistema de um estudo permitem decidir quais os processos unitários que devem ser incluídos na análise da ACV. A ACV depende da transferência de material e energia através das fronteiras do sistema. É necessário ter uma fronteira de sistema bem estruturada para obter resultados claros. Normalmente, as fronteiras do sistema seriam (Ling-Chin *et al.*, 2016: Dicks & Hent, 2014: Moora, 2009). As fronteiras do sistema nesta avaliação incluem todos os processos e fases envolvidos na produção de energia, incluindo as fronteiras geográficas e temporais. As fronteiras do sistema utilizadas nesta ACV são:

- **Limite geográfico:** A extração de matérias-primas não é realizada no local da central eléctrica. Assim, o extrato (matérias-primas) tem de ser extraído e transportado centenas de quilómetros até à central eléctrica (exceto no caso das centrais hidroeléctricas, em que a barragem e a central de produção de eletricidade podem estar na mesma área). Por conseguinte, os limites do sistema desta avaliação incluíram limites geográficos que vão desde os locais de extração até à central eléctrica.

- **Limite temporal:** O estudo adopta 100 anos como limite temporal, considerando o funcionamento, a desativação e o decaimento radioativo de uma central nuclear (Lee *et al.,* 2016: Erdogan *et al.,* 2016).
- **Limites para os sistemas naturais:** Esta avaliação começa com a extração de matérias-primas e termina com a eletricidade nas centrais eléctricas, incluindo o tratamento de resíduos, nomeadamente a reciclagem de resíduos nucleares (EIA, 2020).

As fronteiras do sistema dos sistemas de produtos energéticos do carvão podem ser vistas na figura 3.3 abaixo, enquanto as dos sistemas de produtos energéticos nucleares e hidroeléctricos e a chave de seta (descrição das diferentes setas nas figuras) podem ser vistas no apêndice 2.

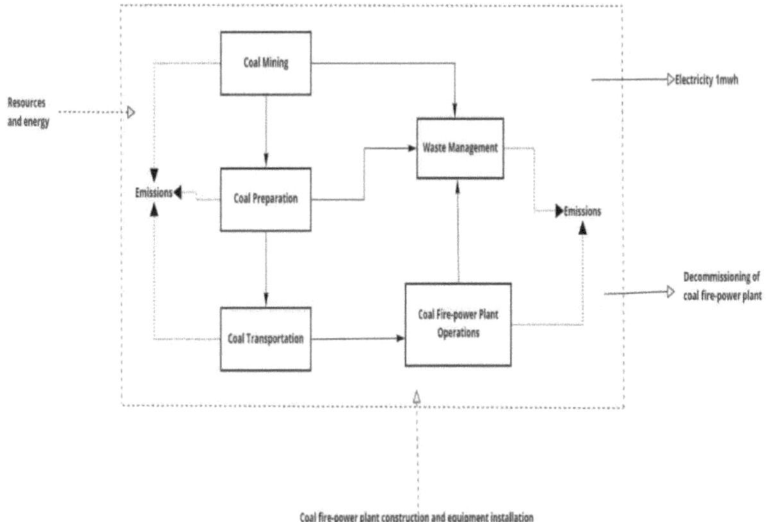

Figura 3.3. Sistema de produtos energéticos à base de carvão com fronteiras do sistema

Procedimentos de afetação: Este estudo adopta uma afetação de 100% das entradas e saídas de materiais para produzir eletricidade, que é a função primária dos três sistemas de produtos. As centrais eléctricas a carvão e nucleares produzem efetivamente vapor (calor), que pode ser utilizado para aquecimento; no entanto, a falta de um rácio bem definido de afetação de materiais e emissões entre as funções primária e secundária nestas centrais levou à decisão de afetar todas as entradas e saídas de materiais à função primária (produção de eletricidade).

Requisitos de qualidade dos dados: Dependendo dos métodos de avaliação e das técnicas de recolha de dados necessárias, a exatidão e a incerteza da avaliação variam. Uma vez que se trata de uma avaliação comparativa, a recolha de dados deve ser tão exacta e detalhada quanto possível, em conformidade com as normas ISO. Todos os dados de entrada e saída relativos ao sistema de três produtos utilizado neste estudo foram extraídos da base de dados Ecoinvent inserida no software openLCA. A entrada de dados foi escolhida para corresponder à unidade funcional adoptada neste estudo.

Indicadores e categorias de avaliação do impacto do ciclo de vida: Os impactos ambientais podem ser associados a várias categorias correspondentes à produção de materiais (carga ambiental). Estas categorias incluem o aquecimento global, a destruição da camada de ozono, a toxicidade, etc. Ao efetuar uma ACV, é necessário especificar quais os impactos que serão incluídos na avaliação (ISO, 2006a). A ISO exige que sejam considerados três impactes de danos (ponto final): saúde humana, qualidade do ecossistema e recursos naturais. É essencial compreender como os vários resultados (carga ambiental) de um sistema se relacionam com as diferentes categorias de impacte (ponto médio) e como estas categorias de impacte são agregadas nas três categorias de danos (ponto final). A Figura 3.4 abaixo (em classificação e caraterização) dá uma imagem clara da relação entre as categorias de produção, impacte e dano. As categorias de impactos selecionadas para este estudo estão implementadas no software informático (openLCA) utilizado na avaliação, correspondendo ao método de avaliação de impactos ReciPe no Ecoinvent. A Tabela 3.1 abaixo apresenta uma lista dos indicadores e categorias de avaliação de impacto selecionados, bem como a sua unidade de referência.

Tabela 3.1. Indicadores e categorias de avaliação de impacto selecionados (Acero *et al.*, 2015; Huijbregts *et al.*, 2016b)

Impact categories (Midpoint)	**Reference unit**
Agricultural land occupation (ALOP)	m^2a
Climate change (GWP100)	kg CO^2-Eq
Fossil depletion (FDP)	kg oil-Eq
Freshwater ecotoxicity (FETPinf)	kg 1,4-DCB-Eq
Freshwater eutrophication (FEP)	kg P-Eq
Human toxicity (HTPinf)	kg 1,4-DCB-Eq
Ionising radiation (IRP_HE)	kg U235-Eq
Marine ecotoxicity (METPinf)	kg 1,4-DCB-Eq
Marine eutrophication (MEP)	kg N-Eq
Metal depletion (MDP)	kg Fe-Eq
Natural land transformation (NLTP)	m^2
Ozone depletion (ODPinf)	kg CFC-11-Eq
Particulate matter formation (PMFP)	kg PM10-Eq
Photochemical oxidant formation (POFP)	kg NMVOC
Terrestrial acidification (TAP100)	kg SO2-Eq
Terrestrial ecotoxicity (TETPinf)	kg 1,4-DCB-Eq
Urban land occupation (ULOP)	m^2a
Damage categories (Endpoint)	**Reference unit**
Human Health	Daily
Ecosystem Quality	Species/ year
Natural Resource	Cost ($)

O quadro 3.1 acima tem duas secções. A primeira secção apresenta as categorias de impacto do ponto médio e as suas unidades de referência (a maioria das quais é dada como equivalência), enquanto a segunda secção apresenta as três categorias de danos (ponto final) com as suas unidades. As unidades de equivalência são unidades padrão que foram escolhidas para representar indicadores de impacte específicos no âmbito de uma ACV (Marx, 2020: Goedkoop *et al.,* 2016). Por exemplo, a unidade de alterações climáticas (potencial de aquecimento global por 100 anos (GWP100) é dada como kg $_{CO2\text{-}Eq}$. O GWP representa um índice, com o CO^2 a ter um valor de 1, e o GWP para todos os outros gases com efeito de estufa é simplesmente o número de vezes mais aquecimento que causam do que o CO2. Por exemplo, 1 kg de metano provoca 25 vezes mais aquecimento ao longo de 100 anos do que 1 kg de CO^2, pelo que o metano tem um PAG de 25. Por conseguinte, para determinar a contribuição do metano para as alterações climáticas, a quantidade de metano emitida é multiplicada por 25 (Marx, 2020).

3.4. Avaliação do impacto do ciclo de vida

No âmbito da AICV (avaliação do impacto do ciclo de vida), os resultados do inventário (ou seja, os recursos e as emissões) são convertidos em informações correspondentes aos impactos ambientais (Huijbregts *et al.,* 2016a: Woods *et al.,* 2019). O método de avaliação de impacto ReCiPe foi escolhido para esta avaliação. O método ReCiPe combina os métodos Eco-Indicator 99 e CML numa versão actualizada (Acero *et al.,* 2015; Huijbregts *et al.,* 2016b). Foram desenvolvidas três versões diferentes do ReCiPe para uma escala temporal diferente. Estas três versões adoptam perspectivas diferentes e, por conseguinte, os seus impactos são diferentes (Acero *et al.,* 2015). As perspectivas das três versões são baseadas em valores, pelo que não podem ser objectivas, o que incentiva o desenvolvimento das três versões (Huijbregts, *et al.,* 2016b). As três versões contêm perspectivas da teoria cultural: Individualista, Igualitária e Hierárquica. A individualista está interessada num contexto de relativamente curto prazo que apenas inclui impactos que tenham sido estatisticamente confirmados.

O Igualitário está a olhar para uma perspetiva de muito longo prazo, e mesmo uma sugestão do impacto é suficiente para o ter. O Hierarquista está entre os outros dois, procurando um ponto de vista temporal mais equilibrado, e um consenso entre os cientistas decide se o impacto deve ser incluído (Huijbregts *et al.*, 2016a). Esta avaliação adopta a versão ReCiPe Hierarquista (H).

A avaliação do impacto divide-se em classificação e caraterização, ambas necessárias neste estudo (ISO, 2006a & 2006b).

3.4.1. Classificação e caraterização

A classificação permite atribuir as emissões e os recursos do inventário do ciclo de vida a diferentes categorias de impacte para análise. Por conseguinte, analisa o inventário, decidindo para que categorias de impacte as emissões contribuem (Huijbregts *et al.*, 2016b). Nesta etapa, diferentes emissões podem ser atribuídas à mesma categoria de impacte, e uma emissão pode ser atribuída a diferentes categorias de impacte. Depois de as emissões terem sido classificadas em diferentes categorias de impacto, estas emissões são multiplicadas por um fator de caraterização para obter a mesma unidade. A conversão da emissão de uma única categoria de impacte para a mesma unidade é conhecida como caraterização.

A Figura 3.4 abaixo ilustra um exemplo do processo de classificação, como as emissões são classificadas em categorias de impacte e como as diferentes categorias de impacte são agregadas nas três categorias de danos (ponto final) (Golsteijn, 2016).

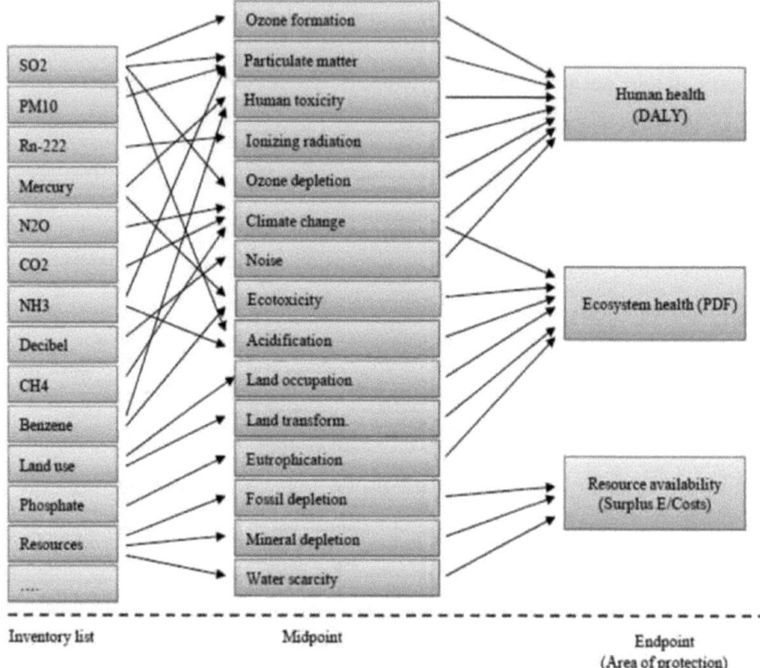

Figura 3.4. Processo de classificação da ACV (*Wolfovaetal.,* 2018)

Esta avaliação utiliza 17 categorias de impacte (ponto médio) e 3 categorias de danos (ponto final) são apresentadas no quadro 3.1 acima. As emissões e os recursos foram atribuídos a estas categorias de impacte por meio de classificação e caraterização.

O quadro 3.2 abaixo apresenta um resumo da área de dano, das categorias de impacto de ponto médio, das unidades e dos respectivos factores de caraterização (conversão).

Tabela 3.2. Resumo das categorias de impacto, unidades e factores de caraterização (Li *et al.*, 2019)

Endpoint Area	Midpoint Impact Category	Unit	Conversion Factor
Human health	Global warming	Disability-adjusted life years (DALY)/kg CO_2 eq.	1.25×10^{-5}
	Stratospheric ozone depletion	DALY/kg CFC11 eq.	1.34×10^{-3}
	ionizing radiation	DALY/kBq Co-60 emitted to air eq.	1.40×10^{-8}
	Fine particulate matter formation	DALY/kg PM2.5 eq.	6.29×10^{-4}
	Photochemical ozone formation	DALY/kg NOx eq.	9.10×10^{-7}
	Toxicity (cancer)	DALY/kg 1,4-DCB emitted to urban air eq.	3.32×10^{-6}
	Toxicity (non-cancer)	DALY/kg 1,4-DCB emitted to urban air eq.	2.28×10^{-7}
	Water consumption	DALY/m^3 consumed	2.22×10^{-6}
Terrestrial ecosystems	Global Warming	Species. year/kg CO_2 eq.	2.50×10^{-8}
	Photochemical ozone formation	Species. year/kg NOx eq.	1.29×10^{-7}
	Acidification	Species. year/kg SO_2 eq.	2.12×10^{-7}
	Toxicity	Species. year/kg 1,4-DBC emitted to industrial soil eq.	1.14×10^{-11}
	Water consumption	species. year/m^3 consumed	1.35×10^{-8}
	Land use	Species/(m^2·annual crop eq)	8.88×10^{-9}
Freshwater ecosystems	Global Warming	Species. year/kg CO_2 eq.	6.82×10^{-13}
	Eutrophication	Species. year/kg P to freshwater eq.	6.71×10^{-7}
	Toxicity	Species. year/kg 1,4-DBC emitted to freshwater eq.	6.95×10^{-10}
	Water consumption	species. year/m^3 consumed	6.04×10^{-13}
Marine ecosystems	Toxicity	Species. year/kg 1,4-DBC emitted to sea water eq.	1.05×10^{-10}
	Eutrophication	Species. year/kg N to marine water eq.	1.70×10^{-9}
Resources	Mineral resource scarcity	USD/kg Cu	0.23
	Fossil Resource: Crude oil	USD/kg	0.46
	Fossil Resource: Hard coal	USD/kg	0.03
	Fossil Resource: Natural gas	USD/Nm^3	0.30

3.5. Diagrama de Sankey

O diagrama de Sankey é uma ilustração gráfica dos impactos dos processos no sistema do produto para fluxos específicos/categorias de impacto. No diagrama de Sankey, são apresentadas a contribuição direta do processo e a contribuição total a montante do processo. No diagrama de Sankey, o "montante único" refere-se à contribuição direta do processo, enquanto o "montante total" é a contribuição total a montante do processo (Winter *et al.*, 2015: Ciroth *et al.*, 2020).

3.6. Análise do inventário do ciclo de vida

A Análise de Inventário do Ciclo de Vida (LCIA) é uma técnica abrangente que contabiliza as cargas ambientais durante o ciclo de vida do produto. A Análise de

Inventário é uma abordagem minuciosa, objetiva e passo a passo para quantificar os requisitos de energia e matérias-primas, emissões para o ambiente, emissões para a água, resíduos sólidos e outras libertações para um produto, operação de embalagem, inventário durante todo o seu ciclo de vida. A AICV é uma ferramenta de processamento de dados e de estimativa utilizada para calcular entradas e saídas. Estas entradas e saídas podem incluir materiais utilizados e emissões para a atmosfera, água ou solo (Islam *et al.*, 2016). Os dados do inventário para esta avaliação consistem no fluxo de entrada e saída das três fontes de energia, conforme descrito pelas fronteiras do sistema apresentadas na figura 3.3 acima e nos apêndices 2 e 3. Os dados do fluxo elementar (entrada e saída) serão agregados às categorias de impacte correspondentes e apresentados nos resultados da avaliação do ciclo de vida. A Análise do Inventário do Ciclo de Vida (AICV) foi realizada no programa informático openLCA descrito na secção 3.2, e as quantidades de entrada e saída correspondem à produção de 1 Mwh de eletricidade para todas as fontes de energia.

3.6.1. Dados do inventário da energia do carvão

Esta avaliação adoptou três fases (operações) significativas para o sistema energético do carvão: extração e preparação do carvão, transporte do carvão, combustão do carvão e funcionamento das centrais eléctricas (a gestão dos resíduos é calculada como um resultado do funcionamento das centrais eléctricas). A construção de centrais eléctricas a carvão, o desmantelamento de centrais eléctricas a carvão e todos os outros processos e instalações de equipamento relacionados com a construção foram mantidos fora dos limites do sistema e não foram considerados na avaliação. A Tabela 3.3 apresenta o fluxo de entrada e saída (não o fluxo elementar) do sistema de energia a carvão, tal como inserido no software openLCA.

Quadro 3.3. Dados do inventário energético do carvão

Processes	Inputs	Amount	Unites	Outputs	Amount	Unites
Coal mining and coal preparation	Hard coal	499	kg	Mined coal	450	kg
	Energy	7200	MJ	Spoils from hard coal mining	49	kg
Coal transportation	Mined coal	450	kg	Mined coal	450	kg
	Energy	3600	MJ			
Coal combustion and power plant operations	Mined coal	450	kg	High voltage electricity	1	MWh
	Water	2.27	m3	Coal gas	0.0019	MJ
	Energy	7200	MJ	Coal slurry	24.95	kg
				hazardous waste, for incineration	99.8	kg

O sistema de produtos energéticos do carvão começa com a extração do carvão. De acordo com Bluejay (2013), são necessários aproximadamente 499 kg de hulha extraída para produzir 1 MWh de eletricidade numa central eléctrica a carvão. Os 499 kg de hulha são extraídos e preparados, e uma quantidade total de 450 kg de carvão processado é transportada para a central eléctrica a carvão para combustão. Cerca de 49 kg de carvão são perdidos como resíduos do processo de extração e preparação. A avaliação assume que o processo de extração é realizado em minas subterrâneas situadas a 200 km da central eléctrica. Os cálculos no openLCA foram efectuados com base em dados médios europeus sobre a extração de carvão. A energia total necessária para o processo de extração é de 7200MJ (média europeia). O carvão é transportado para a central eléctrica que se supõe estar situada a 200 km da mina. O transporte é feito por comboio; o sistema calcula 3600 MJ de energia utilizada para o transporte de acordo com o frete por comboio na

Europa, excluindo a Suíça. O carvão transportado é queimado na central eléctrica para gerar 1Mwh de eletricidade descrito na unidade funcional. Um total de cerca de 2,27 metros cúbicos (aproximadamente 500 galões) de água é necessário para o arrefecimento durante a combustão de 450 kg de carvão (Bluejay, 2013). O sistema openLCA também calculou que é necessário um total de 7200MJ de energia durante a combustão de 450kg de carvão na central eléctrica a carvão. Durante as operações da central eléctrica, são produzidos vários resíduos e produtos secundários, que devem ser tratados conforme descrito no limite do sistema. Cerca de 0,0019 MJ de gás de carvão é produzido como subproduto. O sistema openLCA converte o gás de carvão produzido em valores energéticos que são substituídos como parte da energia utilizada durante a combustão do carvão. Durante este processo, são produzidos cerca de 24,95 kg de lama de carvão e cerca de 99,8 kg de resíduos perigosos (Zierold & Odoh, 2020). O método de tratamento por deposição em aterro (represamento) foi selecionado para tratar a lama de carvão, enquanto a incineração foi escolhida para os resíduos perigosos. Ambos os processos são calculados pelo sistema como processos normais de tratamento de resíduos com os factores de emissão médios na Europa.

3.6.2. Dados do inventário da energia nuclear

O sistema de produtos energéticos nucleares compreende sete fases únicas, desde a extração de urânio até ao funcionamento das centrais nucleares e ao tratamento dos resíduos. Tal como o sistema de produtos do carvão, a construção de centrais nucleares, a instalação de equipamento e o desmantelamento de centrais nucleares estão fora dos limites do sistema. Por conseguinte, estas fases não foram consideradas na avaliação. O Quadro 3.4 apresenta o fluxo de entrada e saída do sistema de energia nuclear, tal como inserido no software openLCA.

Quadro 3.4. Dados do inventário da energia nuclear

Processes	Inputs	Amount	Unites	Outputs	Amount	Unites
Uranium mining	Uranium ore, as U	0.026	kg	Mined uranium	0.026	kg
	Energy	14400.00	MJ	High level radioactive waste for final repository	3.00E-07	kg
Uranium milling	Mined uranium	0.026	kg	Uranium in yellowcake	0.024	kg
	Energy	14400.00	MJ	High level radioactive waste for final repository	2.00E-03	kg
Transportation to enrichment site	Uranium in yellowcake	0.024	kg	Uranium in yellowcake	0.024	kg
	Energy	7200.00	MJ			
Uranium conversion	Uranium in yellowcake	0.024	kg	Uranium hexafluoride	0.024	kg
	Energy	7200.00	MJ			
Uranium enrichment	Uranium hexafluoride	0.024	kg	enriched uranium, 4.2%	0.024	kg
	Energy	7200.00	MJ			
Fuel fabrication	enriched uranium, 4.2%	0.024	kg	Uranium fuel rod	0.024	kg
	Energy	3600.00	MJ			
Nuclear power plant operations	Uranium fuel rod	0.024	kg	Electricity	1	MWh

	Energy	3600.00	MJ	low level radioactive waste	4.10E-05	kg
	Water	5	m3	high level radioactive waste for final repository	3.10E-07	kg
				spent nuclear fuel	7.00E-04	kg

O processo começa com a extração de urânio (a avaliação considera a extração subterrânea), onde o urânio é extraído do minério. Após a extração, o urânio extraído é moído para produzir o yellowcake de urânio. A extração e a moagem são, na sua maioria, efectuadas no mesmo local ou em locais próximos. Após a moagem, o yellowcake de urânio é então transportado 200 km (a avaliação assume 200 km como a distância entre o local de extração e o local de enriquecimento) para o local de enriquecimento próximo da central eléctrica. No local de enriquecimento, o yellowcake é convertido em hexafluoreto de urânio através de um processo conhecido como conversão. O hexafluoreto de urânio convertido é enriquecido a cerca de 4,2% e convertido em dióxido de urânio (UO2). O dióxido de urânio passa por um processo de fabrico de combustível onde é utilizado para produzir as barras de urânio utilizadas numa central nuclear para gerar eletricidade (World Nuclear Association, 2021).

De acordo com a World Nuclear Association (2021), são necessários cerca de 0,024 kg de urânio enriquecido a 4,2% para gerar 1 MWh de eletricidade numa central nuclear convencional. Para obter urânio enriquecido a 4,2%, é necessário extrair cerca de 0,026 kg de urânio do minério de urânio (IAEA, 2009). Por conseguinte, o sistema de produção de energia nuclear começa com a extração de 0,026 kg de urânio. Os 0,026 kg de urânio extraído são moídos para produzir 0,024 kg de yellowcake, com 0,002 kg como resíduos radioactivos de alto nível para o depósito final. O consumo total de energia de 14400MJ foi estimado para os processos de extração e moagem de acordo com a média europeia (em openLCA), enquanto 7200MJ foram estimados para o transporte. Os processos de conversão e enriquecimento do yellowcake de urânio utilizam um consumo total de energia de 7200MJ. O urânio enriquecido (4,2%) é utilizado para fabricar as barras de urânio utilizadas na central eléctrica. Este processo de fabrico de combustível consome 3600MJ de energia para produzir os 0,024kg de barras de combustível de urânio. As barras de combustível são utilizadas na central eléctrica para gerar 1 MWh de eletricidade, tal como definido na unidade funcional. Este processo utiliza 3600MJ de energia, conforme calculado pelo sistema openLCA, e cinco metros cúbicos de água para arrefecimento (Bluejay, 2013). O processo de operação da central nuclear produz três tipos de resíduos: resíduos radioactivos de baixo nível (4,10E-05 kg) tratados para incineração por tocha de plasma, resíduos radioactivos de alto nível para o depósito final (3,10E-07 kg) e 7,00E-04 kg de combustível nuclear usado para acondicionamento. Os três processos de tratamento de resíduos são calculados com base em cenários normalizados de tratamento de resíduos nucleares (World Nuclear Association, 2021: IAEA, 2009).

3.6.3. Dados do inventário de energia hidroelétrica

O sistema de energia hidroelétrica consiste apenas nos processos de funcionamento da central (funcionamento da barragem e das bombas de água) e no tratamento de resíduos calculado no âmbito do funcionamento da central hidroelétrica. A construção da barragem, a central eléctrica e outros processos relacionados não foram considerados na avaliação, tal como os sistemas de carvão e de produtos nucleares. A Tabela 3.5 abaixo mostra o fluxo de entrada e saída para o sistema de energia hidroelétrica, tal como inserido no software openLCA.

Tabela 3.5. Dados do inventário de energia hidroelétrica

Processes	Inputs	Amount	Unites	Outputs	Amount	Unites
Hydropower plant operations	water pump operation, diesel	3.6	MJ	Electricity	1	MWh
	Electricity, medium voltage	3600	MJ	Biowaste	2.4	kg
	River water	50	m3	municipal solid waste	4.2	kg
	Water, turbine use, unspecified natural origin	13.8	m3			

Colocando a construção da central hidroelétrica, a instalação do equipamento e o desmantelamento fora da fronteira do sistema, o sistema de energia hidroelétrica é constituído por apenas uma fase primária. A única fase considerada nesta avaliação é o funcionamento da central hidroelétrica, que inclui as operações da bomba de água e da barragem e a gestão dos resíduos. Após a construção da barragem e outros processos de instalação de equipamento, a água é desviada para a barragem a partir de massas de água superficiais, como os rios. A água na barragem é então bombeada, na maioria dos casos através de uma turbina para a produção de eletricidade. De acordo com Lee *et al.* (2017), é necessária uma média de 63,8 metros cúbicos (aproximadamente 14034,04 galões) de água para gerar 1MWh de eletricidade numa central hidroelétrica média. Cerca de 22% da água necessária provém da precipitação, e os restantes 78% provêm de massas de água superficiais. O consumo total de energia de 3603,6 foi calculado de acordo com a média europeia. Destes, 3600 MJ são eletricidade de média tensão utilizada na central eléctrica e o restante, ou seja, 3,3 MJ, é energia diesel utilizada pela bomba de água. O sistema de energia gera 1 MWh de eletricidade como produção, tal como definido pela unidade funcional. O sistema de energia também produz um total estimado de 6,6 kg de resíduos sólidos para tratamento, dos quais 2,4 kg são resíduos biológicos. Os resíduos não são gerados durante produção de eletricidade; em vez disso, surgem como resíduos recolhidos nas redes e na entrada de água na barragem. Os resíduos biológicos são tratados através de compostagem industrial, enquanto os RSU são tratados através de incineração. Ambos os processos de tratamento são calculados com base nos processos normais de tratamento de resíduos na Europa.

3.7. Pressupostos e limitações

Esta avaliação pressupõe o seguinte.

- A produção de eletricidade é a função principal das centrais eléctricas, com uma unidade funcional de 1MWh de produção de eletricidade.
- Três centrais eléctricas hipotéticas com capacidade para produzir 1MWh de eletricidade.
- A extração de carvão e urânio é efectuada através de processos de extração subterrânea.
- Uma distância de 200 km entre as minas e as centrais eléctricas.
- O transporte das minas para as centrais eléctricas é feito por comboio.
- Centrais hidroeléctricas com albufeira (barragem) em vez de centrais a fio de água, que não têm qualquer albufeira.
- Processos de gestão de resíduos efectuados dentro dos limites das centrais eléctricas.

A avaliação deparou-se com algumas limitações porque a ACV não é específica do local e as três centrais eléctricas são hipotéticas. Os fornecedores de inputs da base de dados de alguns dos processos e da gestão de resíduos no openLCA podem não corresponder totalmente às técnicas corretas utilizadas nas centrais eléctricas naturais. Outra limitação significativa desta avaliação é o facto de a construção das centrais eléctricas, a instalação de equipamento e o desmantelamento das centrais eléctricas não estarem incluídos nos limites do sistema. A inclusão destes processos nas fronteiras do sistema poderia alterar os resultados. No entanto, a exclusão destes processos desta avaliação foi considerada devido ao objetivo desta investigação.

A categoria de impacte do ponto intermédio do esgotamento da água não foi incluída na avaliação. Isto deve-se ao facto de a depleção de água não ser agregada e calculada em nenhuma das três categorias de danos (ponto final). Não seria lógico considerar este impacto ao nível do ponto intermédio sem o considerar ao nível do ponto final.

4. RESULTADOS E INTERPRETAÇÃO

4.1 Avaliação do impacto

A Avaliação de Impacto do Ciclo de Vida (AICV) determina e avalia a magnitude e a importância dos possíveis impactos ambientais resultantes da Análise do Inventário do Ciclo de Vida (AICV). Os resultados da fase de inventário são atribuídos a categorias de impacto e os seus potenciais impactos são quantificados de acordo com factores de caraterização (Rybaczewska- Blazejowska & Palekhov, 2017). A avaliação do impacte neste estudo é realizada utilizando um dos mais populares programas informáticos de ACV, o openLCA, seguindo os métodos ReCiPe Endpoint. Por conseguinte, os resultados do ICV são classificados em três áreas de proteção: saúde humana, ecossistemas e recursos, que correspondem às categorias de impacto do ReCiPe Endpoint. Do mesmo modo, os resultados foram avaliados utilizando categorias de impacte de níveis intermédios, como as alterações climáticas (saúde humana e ecossistemas), a destruição da camada de ozono, a toxicidade humana, a formação de oxidantes fotoquímicos, a formação de partículas, a radiação ionizante, a acidificação terrestre, a eutrofização da água doce, a ecotoxicidade terrestre, a ecotoxicidade da água doce, a ecotoxicidade marinha, a ocupação de terras agrícolas, a ocupação de terras urbanas, a transformação natural de terras, a depleção de metais e a depleção de fósseis, como se mostra no quadro 4.1 e na figura 4.1 abaixo.

3.1.1. Resultados do ponto médio

Os resultados do ponto intermédio analisam o impacto no início da cadeia de causa-efeito antes de o ponto final ser atingido. Esta avaliação utiliza 17 indicadores de impacte de ponto intermédio. Os resultados do ponto intermédio são obtidos multiplicando a emissão pelo seu fator de caraterização específico para obter a mesma unidade, num processo conhecido como caraterização. Os factores de caraterização ou conversão de todas as categorias de impacto podem ser consultados no Quadro 3.2 (secção 3.4). A Tabela 4.1 abaixo apresenta os resultados do impacto do ponto médio para as três fontes de energia.

Quadro 4.1. Resultados do ponto médio para a produção de energia a partir do carvão, nuclear e hidroelétrica

Impact Category	Coal	Nuclear	Hydro	Unit
Ozone depletion (ODPinf)	4.47E-05	1.12E-05	8.83E-08	kg CFC-11-Eq
Freshwater ecotoxicity (FETPinf)	2.63E+01	1.08E+01	1.36E+00	kg 1,4-DCB-Eq
Freshwater eutrophication (FEP)	1.32E+00	5.88E-02	3.22E-03	kg P-Eq
Natural land transformation (NLTP)	2.03E-01	3.27E-02	1.20E-04	m2
Fossil depletion (FDP)	1.70E+03	3.38E+01	4.89E-01	kg oil-Eq
Particulate matter formation (PMFP)	9.91E-01	1.11E+00	1.31E-02	kg PM10-Eq
Urban land occupation (ULOP)	3.40E+01	3.21E+00	1.20E-02	m2a
Metal depletion (MDP)	1.33E-01	1.08E+02	1.20E-04	kg Fe-Eq
Photochemical oxidant formation (POFP)	2.55E+00	9.83E-01	6.81E-03	kg NMVOC
Climate change (GWP100)	1.91E+03	1.02E+02	3.98E+00	kg CO2-Eq
Human toxicity (HTPinf)	9.33E+02	9.14E+02	3.77E+00	kg 1,4-DCB-Eq
Ionising radiation (IRP_HE)	3.85E+01	1.74E+04	5.28E-02	kg U235-Eq
Terrestrial acidification (TAP100)	2.82E+00	8.20E-01	1.48E-02	kg SO2-Eq
Marine eutrophication (MEP)	1.06E+00	1.28E+00	3.18E-03	kg N-Eq
Terrestrial ecotoxicity (TETPinf)	3.00E-02	1.22E-01	4.40E-04	kg 1,4-DCB-Eq
Agricultural land occupation (ALOP)	8.84E+01	1.37E+01	2.28E-02	m2a
Marine ecotoxicity (METPinf)	2.49E+01	1.28E+01	1.31E+00	kg 1,4-DCB-Eq

Empobrecimento da camada de ozono (ODPinf): Os gases que empobrecem a camada de ozono danificam o ozono estratosférico, também conhecido como "camada de ozono". Para esta categoria de impacto, a energia do carvão é a que mais contribui, produzindo uma emissão total de 4,47E-05kg CFC-11-Eq, seguida da energia nuclear com 1,12E-05 kg CFC-11-Eq e da energia hidroelétrica com um total de 8,83E-08 kg CFC-11-Eq.

Ecotoxicidade em água doce (FETPinf): Esta categoria de impacto refere-se ao impacto nos ecossistemas de água doce devido a substâncias tóxicas emitidas para o ar, água e solo. O carvão é o que mais contribui para esta categoria, com um total de 2,63E+01 kg de 1,4-DCB-Eq, enquanto as emissões nucleares e hidroeléctricas são de 1,08E+01 kg de 1,4-DCB-Eq e 1,36E+00 kg de 1,4-DCB-Eq, respetivamente.

Eutrofização da água doce (FEP): A eutrofização da água doce ocorre quando o número de nutrientes químicos se acumula num ecossistema, resultando numa produtividade excessiva. A produção de eletricidade através do carvão contribui com o maior número de emissões nitrificantes nesta categoria, com um total de 1,32E+00 kg P-Eq, seguida da energia nuclear com 5,88E-02 kg P-Eq. Ao mesmo tempo, a energia hidroelétrica tem uma emissão total de 3,22E- 03 kg P-Eq.

Transformação natural da terra (NLTP): A produção de eletricidade através do carvão é a que utiliza mais terra, 0,20293 m2, seguida da nuclear e da hídrica, respetivamente.

Esgotamento de combustíveis fósseis (FDP): A energia do carvão utiliza a maior quantidade de combustível fóssil (1,70E+03 kg de petróleo-Eq) para produzir 1MWh de eletricidade. O carvão é seguido pela energia nuclear, com um consumo total de 3,38E+01 kg de petróleo-Eq, enquanto a energia hídrica consome 4,89E-01 kg de petróleo-Eq para produzir 1MWh de eletricidade.

Formação de material particulado (PMFP): equivalentes de PM10, ou partículas com uma escala de 10 μm, são usados para quantificar PM (Acero *et al.*, 2015). A produção de eletricidade através da energia nuclear é a que emite mais (1,11E+00 kg PM10-Eq) nesta categoria do que o carvão 9,91E-01 kg PM10-Eq e a hidroelétrica 1,31E-02 kg PM10-Eq.

Ocupação do solo urbano (ULOP): 1 MWh de eletricidade produzida através do carvão utilizou a maior quantidade de solo urbano 3,40E+01 m2a, seguido do nuclear e do hídrico com um total de solo utilizado de 3,21E+00 m2a e 1,20E-02 m2a, respetivamente.

Depleção de metais (MDP): Esta categoria de impacto inclui todos os recursos metálicos danificados, como o ouro, a prata, o estanho, o cobre, o chumbo, o zinco, o ferro, o níquel, o crómio e o alumínio. A produção de eletricidade através da energia nuclear é a que mais esgota (1,08E+02 kg Fe- Eq). A produção de eletricidade a partir do carvão e da energia hídrica consome menos metais, com um total de 1,33E-01 Fe-Eq e 1,20E-04 Fe-Eq.

Formação fotoquímica de oxidantes (POFP): O ozono fotoquímico (ozono troposférico) é formado pela reação catalítica (calor e luz solar como catalisador) de compostos orgânicos voláteis e óxidos de azoto. A produção de eletricidade a partir do carvão é a que mais contribui para esta categoria, com 2,55E+00 kg de COVNM. A energia nuclear contribui com um total de 9,83E-01 kg de COVNM e a energia hidroelétrica contribui com um mínimo de 6,81E-03 kg de COVNM.

Alterações climáticas (GWP100): As alterações climáticas estão ligadas às emissões de gases com efeito de estufa para a atmosfera. 1 MWh de eletricidade produzida a partir do carvão tem o maior potencial de aquecimento global. O carvão tem um total de 1,91E+03 kg CO2-Eq, seguido da energia nuclear com 1,02E+02 CO2-Eq, e depois da energia hidroelétrica com um total de 3,98E+00 CO2-Eq.

Toxicidade para o homem (HTPinf): Um índice medido que representa o possível dano de uma unidade química libertada para a atmosfera é conhecido como o Potencial de Toxicidade Humana. A produção de 1MWh de eletricidade através do carvão e do nuclear emite quase a mesma quantidade destas substâncias tóxicas. O carvão emite um total de 9,33E+02 kg de 1,4-DCB-Eq, enquanto o nuclear emite 9,14E+02 kg de 1,4-DCB-Eq e a produção de hidroeletricidade emite o mínimo de 3,77E+00 kg de 1,4-DCB-Eq.

Radiação ionizante (IRP_HE): A radiação ionizante é libertada quando os radionuclídeos decaem. Os seres humanos podem inalar radionuclídeos que se encontram no ar. A produção de eletricidade através da energia nuclear é o maior contribuinte para esta categoria entre os três tipos de energia. A produção de eletricidade nuclear emite um total de 1,74E+04 kg U235-eq, seguida do carvão com uma emissão total de 3,85E+01 kg U235-eq, e depois da hidroelétrica com 5,28E-02 kg U235-eq.

Acidificação terrestre (TAP100): As alterações nas propriedades químicas do solo descrevem a acidificação terrestre devido às emissões de nutrientes acidificantes (azoto e enxofre) para o solo. A energia do carvão é a que emite mais nutrientes acidificantes nesta categoria, com um total de 2,82E+00 kg SO2-eq, seguida da nuclear, com 8,20E-01 kg SO2-eq, e da hidroelétrica, com 1,48E-02 kg SO2-eq.

Eutrofização marinha (MEP): A proliferação excessiva de plantas, como as algas, aparece num ambiente marinho, resultando em declínios significativos na qualidade da água e nos habitats animais devido à eutrofização. A produção de eletricidade através da energia nuclear emite o maior número de nutrientes com potencial de eutrofização para o ambiente (1,28E+00 kg N-eq) do que o carvão 1,06E+00 kg N-Eq e a hidroelétrica 3,18E-03 kg N-eq.

Ecotoxicidade terrestre (TETPinf): Esta categoria de impacto refere-se ao impacto nos ecossistemas terrestres devido a substâncias tóxicas emitidas para o ar, a água e o solo. A produção de eletricidade através da energia nuclear é, entre os três tipos de energia, a que mais emite nesta categoria. A produção de eletricidade nuclear emite um total de 1,22E-01 kg 1,4-DCB-Eq, seguida do carvão com uma emissão total de 3,00E-02 kg 1,4-DCB-Eq, e depois da hidroelétrica com 4,40E- 04 kg 1,4-DCB-Eq.

Ocupação de terras agrícolas (ALOP): Esta categoria expressa a quantidade de uso de terras agrícolas (m2·yr equivalentes de culturas anuais) em eletricidade. 1

MWh de eletricidade produzida através de carvão utilizou a maior quantidade de solo urbano, 8,84E+01 m2a, seguida da nuclear e da hídrica, com um total de solo utilizado de 1,37E+01 m^2a e 2,28E- 02 m^2a, respetivamente.

Ecotoxicidade marinha (METPinf): Esta categoria refere-se ao impacto nos ecossistemas marinhos devido a substâncias tóxicas emitidas para o ar, a água e o solo. A produção de eletricidade a partir do carvão é a que emite mais substâncias tóxicas (2,49E+01 kg 1,4-DCB-Eq), seguida da nuclear (1,28E+01 kg 1,4-DCB-Eq) e da hidroelétrica (1,31E+00 kg 1,4-DCB-Eq), entre os três tipos de energia.

A figura 4.1 mostra os resultados relativos dos indicadores das respectivas variantes do projeto. Para cada indicador, o impacto máximo (resultado de referência) é fixado em 100%, e os resultados das outras variantes são apresentados em função deste resultado de referência.

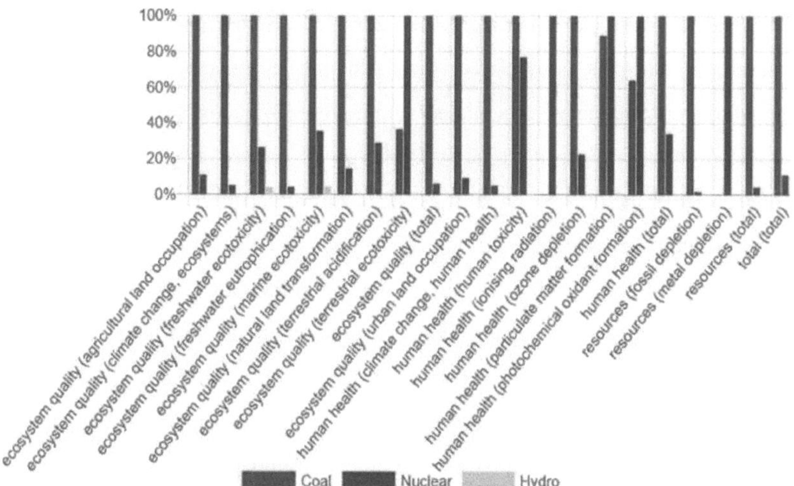

Figura 4.1. Representação gráfica dos resultados do ponto médio (calculados através do openLCA 1.10.3)

Os resultados do impacto do ponto médio mostram que o sistema de energia do carvão tem um impacto maior na destruição da camada de ozono (4,47E-05 kg

CFC-11-Eq), na ecotoxicidade da água doce (2,63E+01 kg 1,4- DCB-Eq), na eutrofização da água doce (kg P-Eq), na transformação natural do solo (2,03E- 01 m2), na destruição de fósseis (1,70E+03 kg petróleo-Eq), na ocupação do solo urbano (3.40E+01 m2a), Formação de oxidantes fotoquímicos (2,55E+00 kg COVNM), Alterações climáticas (1,91E+03 kg CO2-Eq), Toxicidade humana (9,33E+02 kg 1,4-DCB-Eq), Acidificação terrestre (2,82E+00 kg SO2-Eq), Ocupação de solos agrícolas (8,84E+01 m2a) e Ecotoxicidade marinha (2,49E+01 kg 1,4-DCB-Eq). O impacto do sistema energético do carvão é mais elevado para estas categorias de impacto porque a produção de eletricidade a partir do carvão tem emissões mais elevadas e utiliza mais terras e combustíveis fósseis do que a energia nuclear e hidroelétrica. Por , o sistema energético do carvão emite 4,47E-05 kg de CFC-11-Eq contra um total de 1,12E-05 CFC-11-Eq e 8,83E-08 CFC-11-Eq para os sistemas energéticos nuclear e hidroelétrico, respetivamente, para a categoria de destruição da camada de ozono. O sistema energético do carvão também esgota mais combustível fóssil do que o nuclear e o hidroelétrico. Enquanto o sistema de energia nuclear tem maiores impactos sobre: Formação de partículas (1.11E+00 kg PM10-Eq), Depleção de metais (1.08E+02 kg Fe-Eq), Radiação ionizante (1.74E+04 kg U235-Eq), Eutrofização marinha (1.28E+00 kg N-Eq) e Ecotoxicidade terrestre (1.22E-01 kg 1,4-DCB- Eq). Na categoria de impacto das radiações ionizantes, por exemplo, o sistema de energia nuclear emite um total de 1,74E+04 kg U235-Eq (decaimento de radionuclídeos). Em contrapartida, os sistemas de energia a carvão e hídrica têm 3,85E+01 kg U235-Eq e 5,28E-02 kg U235-Eq, respetivamente. No que respeita à categoria de impacto "depleção de metais", o sistema de energia nuclear utiliza mais recursos metálicos do que os sistemas de energia hídrica e a carvão.

4.1.2. Resultados dos danos (Ponto final)

Os resultados são agregados nas suas várias categorias de ponto final ou de danos a partir da categoria de ponto médio, conforme descrito na ISO 14044 (2006b), utilizando os seus vários factores de ponto médio a ponto final no openLCA. O Quadro 4.2 apresenta o agrupamento das categorias de impacto do ponto médio nas categorias de danos correspondentes.

Quadro 4.2. Agrupamento das categorias de impacto de ponto médio em categorias de danos (openLCA 1.10.3)

<table>
<tr><th>Damage categories (Endpoint)</th><th>Impact categories</th><th>Unites</th></tr>
<tr><td rowspan="6">Human Health</td><td>Human toxicity</td><td rowspan="6">Daily</td></tr>
<tr><td>Ionising radiation</td></tr>
<tr><td>Ozone depletion</td></tr>
<tr><td>Particulate matter formation</td></tr>
<tr><td>Photochemical oxidant formation</td></tr>
<tr><td>Climate change</td></tr>
<tr><td rowspan="10">Ecosystem Quality</td><td>Urban land occupation</td><td rowspan="10">Species/ year</td></tr>
<tr><td>Natural land transformation</td></tr>
<tr><td>Agricultural land occupation</td></tr>
<tr><td>Climate change</td></tr>
<tr><td>Freshwater ecotoxicity</td></tr>
<tr><td>Marine ecotoxicity</td></tr>
<tr><td>Terrestrial ecotoxicity</td></tr>
<tr><td>Freshwater eutrophication</td></tr>
<tr><td>Marine eutrophication</td></tr>
<tr><td>Terrestrial acidification</td></tr>
<tr><td rowspan="2">Resource depletion</td><td>Fossil depletion</td><td rowspan="2">Cost ($)</td></tr>
<tr><td>Metal depletion</td></tr>
</table>

Saúde humana (quotidiano): Os danos ambientais para a humanidade podem refletir-se de várias formas, incluindo a redução da qualidade de vida, a falta de um fator de desenvolvimento (mão de obra), o custo dos tratamentos médicos, a redução do tamanho da população, etc. No entanto, existe um consenso generalizado de que os danos ambientais para os seres humanos se reflectem principalmente em danos mensuráveis ou previsíveis para a saúde humana individual (valor intrínseco), incluindo todas as gerações actuais e futuras. A saúde humana individual pode ser afetada por uma diminuição do número de anos de vida de um indivíduo relativamente a uma esperança média de vida ou por uma diminuição do número de anos de vida devido a doenças ou acidentes. A medida mais utilizada é a dos anos de vida ajustados pela incapacidade (DALY), que contabiliza os anos perdidos devido à mortalidade precoce e a diminuição da qualidade de vida causada pela doença em anos. A figura 4.2 abaixo apresenta uma representação gráfica dos resultados comparativos relativos à saúde humana.

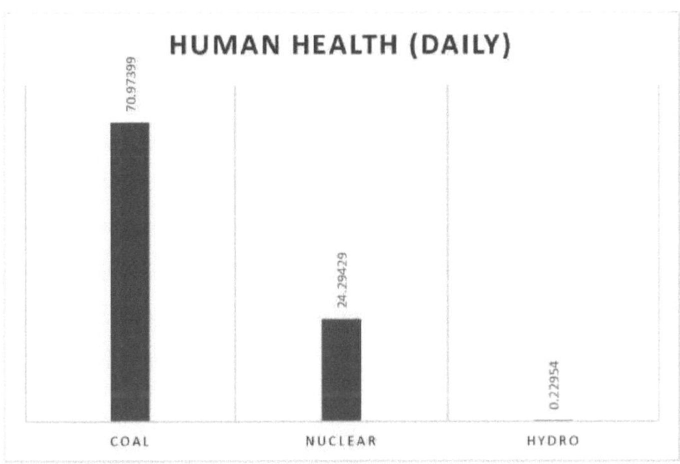

Figura 4.2. Resultados da categoria de danos para a saúde humana (calculados com base no openLCA 1.10.3)

Os resultados da categoria de danos para a saúde humana acima apresentados mostram que a produção de 1MWh de eletricidade a partir do carvão é, de longe, a mais prejudicial para a saúde humana entre as três fontes de energia. A energia do carvão (de acordo com a unidade funcional) é responsável por cerca de 71 anos de vida humana ajustados por incapacidade (diariamente), enquanto a produção de eletricidade nuclear (1MWh) é responsável por cerca de 24,3 anos de vida humana ajustados por incapacidade (diariamente). A produção de energia hidroelétrica é, de longe, a menos prejudicial para a saúde humana entre estas três fontes de energia, com cerca de 0,23 anos de vida humana ajustados por incapacidade (por dia).

Qualidade do ecossistema (espécies/ano): O estado de um ecossistema é definido pelo estado inter-relacionado dos seus componentes bióticos e abióticos, processos e estrutura, que interagem de forma complexa e não linear. Os indicadores de potenciais danos nos ecossistemas devem incorporar esta complexidade, sempre que possível, para um melhor apoio à decisão (Woods *et al.*, 2019). Na AICV, a qualidade do ecossistema refere-se à condição de um ecossistema relativamente a um estado de referência. O estado de referência pode ser uma situação/condição passada, presente ou potencialmente futura de um ecossistema. As alterações induzidas antropogenicamente no ecossistema, como o declínio da riqueza de espécies, a perda de diversidade funcional e a redução da biomassa do ecossistema, são métricas utilizadas para indicar danos à qualidade do ecossistema (Woods *et al.*, 2019). A Figura 4.3 abaixo mostra os resultados comparativos dos danos causados na qualidade do ecossistema pelas três fontes de energia, expressos como o número de espécies perdidas por ano.

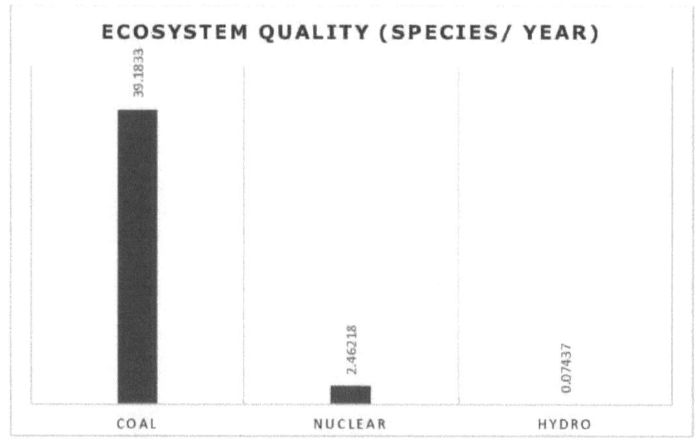

Figura 4.3. Resultados da categoria de danos para a qualidade do ecossistema (calculados no openLCA 1.10.3)

Os resultados apresentados na figura 4.3 acima mostram os danos causados ao ecossistema por cada uma das três fontes de energia durante a produção de 1MWh de eletricidade. Os danos são expressos em número de espécies de plantas e animais perdidos por ano. O resultado mostra que cerca de 39,2 espécies diferentes são perdidas do ecossistema ao gerar 1MWh de eletricidade através do carvão. Enquanto cerca de 2,5 espécies se perdem com a produção da mesma quantidade de eletricidade (1MWh) através da energia nuclear e cerca de 0,1 espécies se perdem com a produção de 1MWh de energia hidroelétrica. Os resultados mostram que a produção de eletricidade através do carvão é de longe a mais prejudicial para a qualidade do ecossistema.

Esgotamento de recursos: Muitos sub-impactos devem ser considerados nesta situação. Esta categoria tem um efeito geral sobre os recursos não biológicos, como os combustíveis fósseis, os minerais, os metais, a água, etc. A disponibilidade dos recursos é a qualidade do consumo de recursos abióticos (por exemplo, lenhite, urânio ou carvão) é um indicador desta categoria de danos. É formado pelo número de recursos esgotados medidos em equivalentes em alguns modelos ou consumo de água (em m3), kg de esgotamento mineral e MJ de combustíveis fósseis. A unidade desta categoria de dano é o custo por kg. A Figura 4.4 abaixo mostra o dano de recursos (escassez) causado por cada uma das três fontes de energia ao gerar 1MWh de eletricidade.

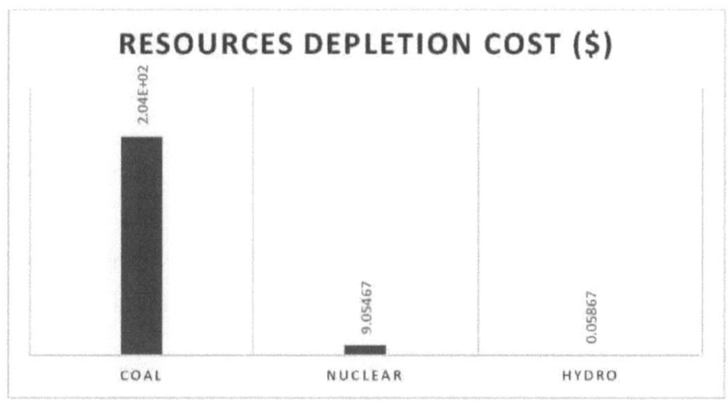

Figura 4.4. Resultados da categoria de danos para o esgotamento de recursos (calculados com o openLCA 1.10.3)

Os resultados apresentados na figura 4.4 mostram que, entre as três fontes de energia, o carvão é a tecnologia energética que mais esgota os recursos para a produção de eletricidade. Os danos são expressos em termos de custo dos recursos em dólares americanos. Os resultados mostram que o carvão é responsável por cerca de 204 dólares americanos de esgotamento de recursos para a produção de 1 MWh de eletricidade, enquanto a energia nuclear é responsável por cerca de 9 dólares americanos e a energia hidroelétrica por muito menos (cerca de 0,1 dólares americanos). Os resultados mostram claramente que a produção de eletricidade a partir do carvão é muito mais dispendiosa em termos de recursos naturais do que a nuclear e a hidroelétrica.

4.2. Resultados do diagrama de Sankey

Os resultados comparativos das três fontes de energia foram apresentados na secção 4.1 acima. O diagrama de Sankey fornece pormenores específicos sobre todas as fases de um sistema energético (Ciroth *et al.*, 2020). É compreensível que uma fonte de energia possa ser altamente poluente. No entanto, nem todas as fases dessa fonte de energia podem ser poluentes. Por conseguinte, a compreensão da contribuição direta das emissões ou dos impactes de cada etapa pode explicar as etapas ou processos que podem ser abordados na atenuação dos impactes desta fonte de energia.

4.2.1. Sistema energético do carvão

O diagrama de Sankey para o impacto total de 1MWh de produção de eletricidade através do carvão mostra os danos combinados da saúde humana, da qualidade do ecossistema e do esgotamento dos recursos.

O sistema de projeto no openLCA utiliza o sistema de pontos para calcular os valores dos danos cumulativos. A unidade (ponto) adoptada pelo openLCA para apresentar o impacto cumulativo das categorias de danos é uma combinação das três categorias específicas de danos (Saúde Humana-Diária, Qualidade do Ecossistema-Espécies/ano e Depleção de Recursos-Custo ($)). Por outras palavras, foi adoptada uma única unidade em vez de se utilizarem três unidades para exprimir os danos cumulativos. Por conseguinte, os valores são apresentados em pontos. O dano cumulativo para o sistema energético do carvão é de 3,139E2 pontos, que é a soma da Saúde Humana; 7,10E+01 diariamente, Qualidade do Ecossistema; 3,92E+01 espécies/ano e Depleção de Recursos 2,04E+02 Custo ($). Os valores totais (total a montante) são apresentados no processo principal de cada fonte de energia, que é a combustão do carvão no caso do carvão. O valor do dano acumulado para a fonte de energia carvão é de 3,139E2 pontos (313,9 pontos). Os resultados do diagrama de Sankey mostram que a extração e a preparação de hulha são responsáveis pelos danos mais significativos neste sistema energético, com uma contribuição direta total de 2,069E2. O processo de extração e preparação de carvão contribui com um total de 65,9% de danos para todo o sistema de produtos . Este processo é seguido pela produção de eletricidade, com um total de 90,433 pontos (28,8%), enquanto o tratamento de resíduos perigosos por incineração é o terceiro, com uma contribuição total de 15,311 pontos (4,9%). A percentagem de emissões de todos os outros processos pode ser considerada negligenciável. Por conseguinte, o processo de extração e preparação da hulha é a fase mais poluente e prejudicial de todo o sistema de produção de energia a partir do carvão.

O diagrama de Sankey apresenta igualmente os resultados da contribuição dos danos para categorias de danos específicas. Os resultados da energia do carvão para categorias de danos específicas mostram que a produção de eletricidade em centrais a carvão tem a maior contribuição para os danos na categoria de danos para a saúde humana (53,2%), seguida da extração e preparação de carvão (35%) e do tratamento de resíduos perigosos, com um total de 10,75%. Os resultados relativos à qualidade do ecossistema são semelhantes aos da saúde humana. A produção de eletricidade numa central eléctrica a carvão tem uma contribuição total para os danos de 49,2%, seguida da extração e preparação de carvão com 38,9% e do tratamento de resíduos perigosos com 11,3%. Em contrapartida, os resultados da categoria de danos por esgotamento dos recursos diferem dos da saúde humana e da qualidade dos ecossistemas. Os resultados mostram que a extração e a preparação do carvão representam 81,8% dos danos totais causados pelo sistema energético do carvão durante a produção de 1 MWh de eletricidade.

Em comparação, a produção de eletricidade numa central eléctrica a carvão tem uma contribuição total para os danos de 16,4%. Compreensivelmente, esta categoria de danos diz respeito ao consumo do recurso, sendo a extração e a preparação do carvão as que consomem mais recursos. No entanto, é evidente que o consumo de recursos não pode ser mitigado no sistema energético do carvão. A produção de eletricidade numa central a carvão e o tratamento de resíduos perigosos são os processos mais poluentes aos quais se podem aplicar processos específicos de atenuação.

4.2.2. Sistema de energia nuclear

O valor dos danos acumulados para a fonte de energia nuclear é de 35,811 pontos. Os resultados do diagrama de Sankey mostram que o processo de enriquecimento de urânio (4,2% enriquecido) é a fase mais prejudicial em todo o sistema de energia nuclear (para produzir 1MWh de eletricidade). Esta fase tem um valor total de emissão de 24,5 pontos (68,32%) de toda a emissão, seguida da moagem de urânio (produção de yellowcake de urânio) com um valor de 6,1 pontos (17%). A conversão de urânio e o processo de extração de urânio têm uma contribuição total para as emissões de 7 % e 6 %, respetivamente. A contribuição das emissões dos outros processos pode ser considerada negligenciável. Por conseguinte, o processo de enriquecimento de urânio é o mais prejudicial em todo o sistema de energia nuclear.

Relativamente aos resultados das categorias de danos específicos, os resultados das categorias de danos para a saúde humana são semelhantes aos resultados dos danos cumulativos de todo o sistema. O processo de enriquecimento de urânio é a fase mais prejudicial de todo o sistema de energia nuclear, com 69,3% dos valores totais dos danos, seguido da moagem de urânio (produção de yellowcake de urânio), da conversão de urânio e do processo de extração de urânio, com uma contribuição percentual total de 20%, 7,5% e 2,3%, respetivamente. O processo de enriquecimento de urânio tem a maior contribuição para a categoria de danos ao ecossistema, com uma contribuição percentual de 69%, seguido da produção de eletricidade em centrais nucleares, com 10%. A moagem de urânio e a conversão de urânio têm 9% e 6%, respetivamente. Na categoria de danos por esgotamento de recursos, o processo de enriquecimento de urânio continua a ser o mais elevado, com uma contribuição percentual de 66% do valor total dos danos, seguido da extração de urânio, com 16,3%, da moagem de urânio, com 10,6%, e da conversão de urânio, com 7%. Por conseguinte, o processo de enriquecimento de urânio é o mais prejudicial em todo o sistema de energia nuclear, de acordo com o âmbito desta avaliação.

4.2.3. Sistema de energia hidroelétrica

Apesar de ser o sistema energético mais amigo do ambiente, o sistema de energia hídrica tem um valor total de danos acumulados de 0,363 pontos. Os processos com maior contribuição para os danos nestes sistemas energéticos são a produção de eletricidade na central e os processos de tratamento de resíduos sólidos, com 51% e 36%, respetivamente. Os resultados das categorias específicas de danos são semelhantes aos dos danos acumulados.

4.3. Discussão

O resultado das vias de impacto para as três fontes de energia foi estabelecido através dos resultados do ponto médio. É primordial compreender que os resultados desta avaliação são apresentados como resultados de impacto de ponto médio e resultados de danos para áreas de proteção, conforme estipulado pelo âmbito deste estudo. Os resultados do impacto (ponto médio) indicam que o sistema energético do carvão tem um impacto mais elevado em 12 das 17 categorias de impacto. Em comparação, o sistema de energia nuclear tem um impacto mais elevado em 5 das categorias de impacto. No entanto, estes resultados são agregados nos seus diferentes danos. Pode concluir-se que, nesta avaliação, o sistema energético do carvão é cerca de três vezes mais poluente do que o sistema energético nuclear. A partir dos resultados dos danos (endpoint), pode ver-se claramente que o sistema energético do carvão é mais prejudicial para o ambiente do que o sistema energético nuclear e hidroelétrico nas três categorias de danos. Os cálculos relativos aos danos totais dos três sistemas energéticos mostram que o sistema de energia a carvão é aproximadamente 8,8 vezes mais prejudicial do que o sistema de energia nuclear (313,9 pontos totais para o sistema de energia a carvão contra 35,8 pontos para o sistema de energia nuclear) e cerca de 872 vezes mais prejudicial do que o sistema de energia hidroelétrica (0,36 pontos para o sistema de energia hidroelétrica). Por conseguinte, a energia do carvão é a fonte de energia mais poluente e prejudicial entre as três fontes de energia, enquanto a energia hidroelétrica é a mais ecológica entre as três fontes de energia.

Não obstante, é essencial notar que o sistema de energia nuclear tem um impacto muito mais elevado em três das categorias de impacto: ecotoxicidade terrestre, radiações ionizantes e esgotamento de metais, do que o sistema de energia a carvão. As emissões mais elevadas destas categorias provêm principalmente do processo de enriquecimento do urânio. A ecotoxicidade terrestre inclui emissões como as de titânio, prata, cobre, vanádio, etc. A radiação ionizante inclui emissões como o randon-222 e o carbono-14, que são prejudiciais para a saúde humana e não devem ser negligenciadas.

Em comparação com os seis estudos avaliados na secção 2.3, os resultados desta avaliação reflectem os danos causados a áreas específicas do ambiente e não as vias de impacto, como se verificou em quase todos os seis estudos avaliados. Apesar de não incluir as fases de construção e desativação, este estudo apresenta uma avaliação completa do berço ao túmulo. Além disso, a maior parte destes estudos centrou-se apenas na quantificação das emissões de GEE, deixando de fora as emissões de contaminantes atmosféricos critérios (CAC), como os óxidos de azoto e de enxofre, as partículas e os compostos orgânicos voláteis, e outros impactos ambientais, como a perda de biodiversidade, o esgotamento de recursos e os impactos relacionados com a saúde, que foram todos considerados nesta avaliação. Esta avaliação através do diagrama de Sankey fornece a contribuição percentual do impacto de todas as fases de um sistema energético, o que não foi feito pelos outros estudos.

5. CONCLUSÕES E RECOMENDAÇÕES

Este estudo centra-se na determinação e comparação dos impactes ambientais de 1MWh de produção de eletricidade através de fontes de energia carvão, nuclear e hídrica. É utilizada uma metodologia de avaliação do ciclo de vida do berço ao túmulo. São utilizadas dezassete categorias de impacte ambiental e três categorias de danos de acordo com a metodologia de avaliação de impacte ReCiPe no software openLCA. Quatro objectivos específicos orientaram o estudo e quatro questões de investigação foram utilizadas para ajudar a atingir os objectivos.

De acordo com as fronteiras do sistema adoptadas nesta avaliação, os três sistemas energéticos têm as seguintes fases.

Sistema energético do carvão: Extração e preparação do carvão, transporte do carvão, exploração de centrais eléctricas a carvão e gestão dos resíduos.

Sistema de energia nuclear: Extração de urânio, moagem de urânio, transporte para o local de enriquecimento, conversão de urânio, enriquecimento de urânio, fabrico de combustível, exploração de centrais nucleares e gestão de resíduos.

Sistema de energia hidroelétrica: Exploração de centrais hidroeléctricas e gestão de resíduos.

De acordo com os resultados deste estudo, duas das três fontes de energia (carvão e nuclear) causam impactos ambientais graves na saúde humana, na qualidade do ecossistema e nos recursos naturais. Estes três impactos ambientais foram calculados através da conversão do impacto do ponto médio em danos para a saúde humana, a qualidade do ecossistema e os recursos naturais. Os resultados mostram também que o funcionamento das centrais eléctricas a carvão e o tratamento de resíduos perigosos são as fases com maiores impactos ambientais no sistema energético do carvão. O enriquecimento de urânio e a moagem de urânio são as fases com maior impacto ambiental no sistema de energia nuclear, enquanto o funcionamento das centrais hidroeléctricas e o tratamento de resíduos sólidos apresentam o maior impacto ambiental no sistema de energia hídrica. A fonte de energia hídrica é a mais respeitadora do ambiente. A avaliação indica que os impactos ambientais do sistema de energia hídrica são cerca de 872 vezes inferiores aos do sistema de energia a carvão e cerca de 99 vezes inferiores aos do sistema de energia nuclear. Por conseguinte, o sistema de energia a carvão é a tecnologia energética menos respeitadora do ambiente entre as três tecnologias energéticas, enquanto a energia hídrica é a mais respeitadora do ambiente.

Devido aos pressupostos e limitações desta avaliação, são sugeridas as seguintes recomendações.

- Devem ser efectuadas avaliações futuras para avaliar melhor e comparar os impactos ambientais destas três fontes de produção de energia, incluindo todas as fases de construção e desativação das três centrais eléctricas (incluindo a instalação de equipamentos).
- Os dados primários de entrada para todos os processos devem ser recolhidos num local ou em empresas envolvidas na produção de energia. Devem ser utilizadas centrais eléctricas físicas em vez das centrais hipotéticas utilizadas nesta avaliação.
- A ponderação deve ser incluída na futura avaliação para apresentar os resultados como uma pontuação única e comparar rapidamente o impacto ambiental de diferentes produtos. Além disso, a ponderação é muito mais fácil de explicar uma única pontuação para o impacto ambiental do que apresentar 17 ou 3 pontuações diferentes por sistema de produtos

A descarbonização da produção de eletricidade atenuará os impactos das alterações climáticas e constituirá uma oportunidade para reduzir outras formas de poluição. Foram adoptadas políticas e programas de eficiência energética do lado da procura para reduzir e evitar as emissões de gases com efeito de estufa e outras emissões associadas à produção de eletricidade. No entanto, estas políticas têm encontrado obstáculos ou não são efetivamente aplicadas em algumas partes do mundo. Obstáculos como a falta de informação sobre opções energeticamente eficientes e amigas do ambiente, custos de produção elevados, falta de disponibilidade de produtos, etc. Todos estes obstáculos dificultam a aplicação efectiva destas políticas na maioria dos países em desenvolvimento, o que pode significar o abandono total das fontes de energia devido aos seus impactos.

As fontes de energia limpa, como a hídrica, a eólica, a solar, etc., podem não estar disponíveis ou ser efetivamente utilizadas na maioria dos países devido a razões topográficas e financeiras. Esta avaliação mostrou as fases de cada sistema energético com elevado impacto ambiental. O estudo identificou também algumas emissões associadas a este impacto. Por conseguinte, os procedimentos de atenuação e a tecnologia de limitação das emissões, como o tratamento dos gases de combustão e a captura de carbono, podem ser realçados no sector da energia através de políticas, em vez do abandono total de algumas fontes de produção de energia devido aos seus impactos. As partes interessadas devem prestar mais atenção às fases com impactos elevados identificadas na presente avaliação, a fim de reduzir o impacto ambiental causado pelos sistemas de energia nuclear e a carvão.

RESUMO

A energia é a força motriz do desenvolvimento tecnológico e económico. As escolhas energéticas globais têm consequências para o crescimento económico, para o ambiente local, nacional e global e até para as alianças políticas estrangeiras e os compromissos de defesa nacional. O aumento da população mundial e a migração para zonas anteriormente desabitadas, bem como o crescimento tecnológico, aumentaram a procura pública de energia, em especial de eletricidade. A indústria da energia é o maior poluidor tóxico a nível mundial, pelo que é fundamental recomendar ou selecionar fontes de energia (ou tecnologias) com um impacto ambiental reduzido para reduzir o efeito devastador da poluição e proteger o ecossistema.

A avaliação do ciclo de vida é uma técnica sistemática útil para quantificar os impactes ambientais de produtos, processos ou tecnologias durante as diferentes fases do ciclo de vida. Muitos estudos tentaram efetuar uma avaliação do ciclo de vida (ACV) comparando o carvão, a energia nuclear e a energia hidroelétrica. No entanto, os resultados destes estudos não satisfizeram as aspirações das partes interessadas devido ao âmbito e à apresentação dos resultados. Por conseguinte, este estudo efectua uma avaliação comparativa do ciclo de vida do carvão, da energia nuclear e da energia hidroelétrica do berço ao túmulo, seguindo as normas ISO (Organização Internacional de Normalização) (ISO 14040:2006 e ISO 14044:2006). O estudo emprega a utilização da base de dados Ecoinvent no software openLCA 1.10.3 para a avaliação. O âmbito da avaliação define as fases dos sistemas energéticos, deixando de fora as fases de construção, instalação de equipamentos e desativação de centrais eléctricas para as três tecnologias de produção de energia.

Um megawatt-hora (1 MWh) de produção de eletricidade é definido como a unidade funcional desta avaliação, uma vez que a produção de eletricidade é a principal função dos três sistemas energéticos. Esta avaliação adopta a versão

ReCiPe Hierarquizada (H) da avaliação de impacto. Os dados do inventário para esta avaliação consistem no fluxo de entrada e saída das três fontes de energia, conforme descrito pelas fronteiras do sistema.

Os resultados comparativos desta avaliação são apresentados no nível de impacto intermédio (dezassete categorias de impacto) e no nível de dano final, tal como exigido pelas normas ISO, bem como no diagrama de Sankey, que apresenta os impactos de todas as fases dos três sistemas energéticos. Os resultados mostram que as fases consideradas para os três sistemas energéticos são: extração e preparação do carvão, transporte do carvão, funcionamento das centrais eléctricas a carvão e gestão dos resíduos do sistema energético do carvão. A extração de urânio, a moagem de urânio, o transporte para o local de enriquecimento, a conversão de urânio, o enriquecimento de urânio, o fabrico de combustível, o funcionamento da central nuclear e a gestão de resíduos para o sistema de energia nuclear, enquanto o funcionamento da central hidroelétrica e a gestão de resíduos são as duas fases consideradas para o sistema de energia hidroelétrica. Duas das três fontes de energia (carvão e nuclear) causam graves impactos ambientais na saúde humana, na qualidade do ecossistema e nos recursos naturais. O diagrama de Sankey indica que o funcionamento das centrais a carvão e o tratamento dos resíduos perigosos são as fases com maiores impactos ambientais no sistema energético do carvão. O enriquecimento de urânio e a moagem de urânio são as fases com maior impacto ambiental no sistema de energia nuclear. Simultaneamente, o funcionamento das centrais hidroeléctricas e o tratamento dos resíduos sólidos têm ambos um elevado impacto ambiental no sistema de energia hídrica. Por último, a fonte de energia hídrica é a mais respeitadora do ambiente. A avaliação indica que os impactos ambientais do sistema de energia hídrica são cerca de 872 vezes inferiores aos do sistema de energia a carvão e cerca de 99 vezes inferiores aos do sistema de energia nuclear. Por conseguinte, o sistema de energia a carvão é a tecnologia energética menos respeitadora do ambiente entre as três tecnologias energéticas, enquanto a energia hídrica é a mais respeitadora do ambiente.

Deveriam ser efectuadas avaliações futuras para avaliar melhor e comparar os impactos ambientais destas três fontes de produção de energia, incluindo todas as fases de construção e desativação das três centrais eléctricas. A ponderação também deve ser incluída na avaliação futura para apresentar os resultados como uma pontuação única e comparar o impacto ambiental destes três sistemas energéticos.

Palavras-chave: Avaliação do ciclo de vida, Categorias de impacto, Um megawatt-hora, Impactos ambientais, Avaliação de impacto, Análise do inventário do ciclo de vida

LISTA DE BIBLIOGRAFIA

Acero Aitor P., Rodríguez Cristina & Ciroth Andreas. (2015). *Métodos LCIA: Métodos de avaliação de impacto na Avaliação do Ciclo de Vida e suas categorias de impacto.* Berlin: GreenDelta GmbH.

Aden Nathaniel, Marty Augustin e Muller Marc (2010). *Comparative Life-cycle Assessment of Non-fossil Electricity Generation Technologies (Avaliação comparativa do ciclo de vida das tecnologias de produção de eletricidade não fóssil): Análise do cenário China 2030.* CE 268E Sistemas Civis e Ambiente.

Agrawal, Harshit & Singh, Satyendra & Singh, Awanindra. (2016). Métodos de mineração de veios de carvão espessos: Challenges and Opportunities. *The Indian Mining and Engineering Journal, 55,* 16-21.

Alexander Michael & Kusleika Dick. (2019). *Bíblia do Excel 2019.* Indianápolis: John Wiley & Sons, Inc.

Aly A.I.M. & Hussien R.A. . (2014). Impactos Ambientais das Fontes de Energia Nuclear, Fóssil e Renovável: A Review. *Revista Internacional de Meio Ambiente, 3(2),* 73-93.

Anderson, Thomas & Hawkins, Ed & Jones, P. (2016). CO2, o efeito de estufa e o aquecimento global: Desde o trabalho pioneiro de Arrhenius e Callendar até aos actuais modelos do sistema terrestre. *Endeavour. 40.*

Bagher Mohammad Askari, Mirzaei Vahid, Mirhabibi Mohsen, Dehghani Parvin. (2015). Vantagens e desvantagens da energia hidroelétrica. *American Journal of Energy Science, 2, No. 2,* 17-20.

Baig, K. Shahzad & Yousaf, Muhammad. (2017). Centrais eléctricas alimentadas a carvão: Problemas de emissão e técnicas de controlo. *Journal of Earth Science & Climatic Change 08(07).*

Balasubramanian, A. (2016). Métodos de mineração de carvão. *ResearchGate.*

Balat, H. (2007). Role of Coal in Sustainable Energy Development (Papel do carvão no desenvolvimento energético sustentável). *Energia Exploration & Exploitation, 25,* 151-174.

Barreira Ana, Massimiliano Patierno e Carlota Ruiz Bautista. (2017). *Impactos da poluição na nossa saúde e no planeta:O caso das centrais eléctricas a carvão.* Nova Iorque: Nações Unidas para o Ambiente.

Barreira Ana, Patierno Massimiliano & Bautista Carlota R. (2017). *Impactos da poluição na nossa saúde e no planeta: O caso das centrais eléctricas a carvão.* Madrid: Instituto Internacional de Derecho y Medio Ambiente (UN Environment).

Bhandari, Tushar & Upadhyay, Shubham & Dash, Ashish & Dewangan, Pankaj & Pradhan, Manoj. (2018). Mineração de veios de carvão espesso - desafios e perspectivas. *ResearchGate.*

Bluejay, M. (2013, junho). *Poupar eletricidade.* Recuperado em 5 de maio de 2021, de michaelbluejay.com: https://michaelbluejay.com/electricity/fuel.html

Burhan Salwa, Srocka Michael, Ciroth Andreas, Lemberger Pia (2020). *ecoinvent v.3.7 em openLCA.* Berlim: GreenDelta.

Burt Erica, Orris Peter & Buchanan Susan. (2013). *Scientific Evidence of Health Effects from Coal Use in Energy Generation [Evidências científicas dos efeitos sobre a saúde decorrentes da utilização do carvão na produção de energia].* Chicago: Universidade de Illinois na Escola de Saúde Pública de Chicago.

Campbell, R. J. (2013). *Increasing the Efficiency of Existing CoalFired Power Plants [Aumentar a Eficiência das Centrais Eléctricas a Carvão Existentes].* Washington, D.C.: Serviço de Pesquisa do Congresso.

Chater, J. (2005). A history of nuclear power. *Focus on Nuclear Power Generation,* 28-31.

Ciroth A., Di Noi C., Lohse T., Srocka M. . (2019). *openLCA 1.10: Manual do utilizador abrangente.* Berlim: GreenDelta.

Ciroth A., Di Noi C., Lohse T., Srocka M. (2020). *openLCA 1.10:Comprehensive User Manual. Versão do software 1.10.2.* Berlim: GreenDelta.

Corà, E. (2019). *Tecnologias de energia hidrelétrica: o estado da arte.* Ixelles,: A Associação dos Centros Europeus de Investigação em Energias Renováveis (EUREC).

Dicks, A. P., & Hent, A. (2014). Uma introdução à avaliação do ciclo de vida. Green Chemistry Metrics. 81-90.

EIA. (2020, 1 de dezembro). *Carvão explicado: Carvão e o meio ambiente.* Retrieved March 4, 2021, from The U.S. Energy Information Administration: https://www.eia.gov/energyexplained/coal/coal-and-the-environment.php#:-:text=Several%20principal%20emissions%20result%20fro m, respiratory%20illnesses%20and%20lung%20disease

E IA. (2020, 15 de janeiro). *O nuclear explicado: A energia nuclear e o ambiente.* Retrieved from The U.S. Energy Information Administration: https://www.eia.gov/energyexplained/nuclear/nuclear-power-and-the-environment.php#:-:text=Nuclear%20energy%20produces%20radioactive%20 waste,health%20for%20thousands%20of%20years.

E IB. (2019). *Orientações ambientais, climáticas e sociais para o desenvolvimento de centrais hidroeléctricas.* Cidade do Luxemburgo: Banco Europeu de Investimento.

El Safty, Amal & Siha, Mona (2013). Impacto ambiental e na saúde da utilização do carvão para a produção de energia. *Jornal Egípcio de Medicina do Trabalho, 37,* 181194.

EnergySage. (2019, 27 de setembro). *Energias renováveis: Impactos ambientais da energia hidroelétrica.* Recuperado em 5 de março de 2021, de EnergySage: https://www.energysage.com/about-clean-energy/hydropower/environmental- impacts-hydropower/

Erdogan, Reyhan & Zaimoglu, Zeynep & Oktay, Ekin. (2016). Impacto ambiental das centrais nucleares: o estudo de caso de Akkuyu-Turquia.

Comissão Europeia . (2012). *Indicadores de ciclo de vida para recursos, produtos e resíduos.* Ispra: Comissão Europeia .

Exploratorium. (2021). *Explorador das alterações climáticas globais.* Recuperado em 5 de março de 2021, do Exploratorium: http s://www. exploratorium. edu/climate/atmo sphere#DatasetMethane-- AnotherHeat-TrappingGas

Florides, Georgios & Christodoulides, Paul. (2008). O aquecimento global e o dióxido de carbono através das ciências. *Ambiente Internacional.*

Fthenakis, V.M., Kim, H.C. (2007). Greenhouse-gas emissions from solar electric and nuclear power: Um estudo do ciclo de vida. *Política Energética,* 2549-2557.

Giraldo Juan S., Gotham Douglas J. , Nderitu David G. , Preckel Paul V. & Mize Darla J. . (2012). *Fundamentals of Nuclear Power (Fundamentos da Energia Nuclear).* West Lafayette: State Utility Forecasting Group.

Goedkoop, Mark & Oele, Michiel & Leijting, Jorrit & Ponsioen, Tommie & Meijer, Ellen. (2016). Introdução à ACV com SimaPro. 80.

Golsteijn, L. (2016, 15 de março). Interpretação de métricas: DALYs e danos à saúde humana. *PRé Sustentabilidade.*

Gorjian, S. (2017). Uma introdução aos recursos de energia renovável. *ResearchGate.*

GreenDelta GmbH . (2020). *openLCA 1.10 Modelação básica de uma garrafa de plástico.* Berlim: GreenDelta GmbH .

Harri, M. (2009). Life Cycle Assessment as a Decision Support Tool for System Optimisation -the Case of Waste Management in Estonia. *TUTPress,* 13-22.

Hore-Lacy, I. (2013). Mineração, processamento e enriquecimento de urânio. Em S. A. Elias, *Módulo de Referência em Sistemas Terrestres e Ciências Ambientais.*

Huijbregts M.A.J., Steinmann Z.J.N., Elshout P.M.F., Stam G., Verones F., Vieira M.D.M., Hollander A., Zijp M., Van Zelm R. (2016a). *ReCiPe. Um método harmonizado de avaliação do impacto do ciclo de vida ao nível do ponto médio e do ponto final Relatório I: Caracterização.* Bilthoven: Instituto Nacional de Saúde Pública e Ambiente.

Huijbregts, Mark & Steinmann, Zoran & Elshout, Pieter & Stam, Gea & Verones, Francesca & Vieira, Marisa & Zijp, Michiel & Hollander, Anne & Zelm, Rosalie (2016b). ReCiPe2016: um método harmonizado de avaliação do impacto do ciclo de vida ao nível do ponto médio e do ponto final. *The International Journal of Life Cycle Assessment, 20*(10).

AIEA. (2009). *Sistema de Informação do Ciclo do Combustível Nuclear: A Diretory of Nuclear Fuel Cycle Facilities [Um Diretório de Instalações do Ciclo do Combustível Nuclear].* Viena: Agência Internacional da Energia Atómica.

AIEA. (2016). *Nuclear Technology Review.* Viena: Agência Internacional da Energia Atómica.

IET. (2017). *Energia hidroelétrica : Um breve guia para a produção de eletricidade utilizando energia hidroelétrica.* Stevenage: A Instituição de Engenharia e Tecnologia.

Islam, Samantha & S.G., Ponnambalam & Lam, Hon. (2016). Revisão do Inventário do Ciclo de Vida: Methods, Examples and Applications. *Journal of Cleaner Production. 136.*

ISO. (2006a). *Norma Internacional ISO 14040. Gestão ambiental - Avaliação do ciclo de vida - Princípios e enquadramento. ISO 14040:2006. Organização Internacional de Normalização.*

ISO. (2006b). *Norma Internacional ISO 14044. Gestão ambiental - Avaliação do ciclo de vida - Princípios e enquadramento. ISO 14044:2006. Organização Internacional de Normalização.* ISO.

Kasban, H. (2017). Fontes de energia. *ResearchGate,* 12-16.

Keating, M. (2001). *Cradle to Grave: The Environmental Impacts from Coal.* Boston: Clean Air Task Force.

Kgabi, Nnenesi & Grant, Charles & Antoine, Johann. (2017). Efeitos da produção e consumo de energia na poluição do ar e no aquecimento global. Em M. Ragazzi, *Pollution and the Atmosphere: Designs for Reduced Emissions* (pp. 137-150). Palm Bay: Apple Academic Press.

Kgweetsi, G. (2016). Sinopse da mineração Longwall. *ResearchGates.*

Kumar, Arun & Schei, T. & Ahenkorah, A. & Rodriguez, R. & Devernay, J.-M & Freitas, Marcos & Hall, D. & Killingtveit, Ânund & Liu, Z. (2012). *Hydropower. Renewable Energy Sources and Climate Change Mitigation (Fontes de energia renováveis e mitigação das alterações climáticas): Relatório especial do Painel Intergovernamental sobre as Alterações Climáticas.* Genebra: IPCC. 106.

Lee Sungjoo, Yoon Byungun & Shin Juneseuk . (2016). Efeitos da energia nuclear no desenvolvimento sustentável e na segurança energética: Sodium-Cooled Fast Reator Case. *MDPI,* 5-7.

Lee Uisung , Han Jeongwoo, Elgowainy Amgad & Wang Michael . (2017). Consumo regional de água para a produção de eletricidade hidroelétrica e térmica nos Estados Unidos. *Applied Energy,* 6-9.

Li, Chengzhou & Wang, Ningling & Zhang, Hongyuan & Liu, Qingxin & Chai, Youguo & Shen, Xiaohu & Yang, Zhiping & Yang, Yongping. (2019). Avaliação do Impacto Ambiental do Sistema Distribuído de Energia Renovável com Base na Avaliação do Ciclo de Vida e Fuzzy Rough Sets. *Energias*, 11.

Como Wanga, Yuan Wanga, Huibin Dub, Jian Zuoc, Rita Yi Man Lid, Zhihua Zhoua, Fenfen Bia,McSimon P. Garvlehn. (2019). Uma avaliação comparativa do ciclo de vida da energia hidroelétrica, nuclear e eólica: Um estudo na China. *Applied Energy: Elsevier Ltd*, 37.

Ling-Chin J., Heidrich O. & Roskilly A.P. . (2016). Avaliação do ciclo de vida (LCA) - da análise do desenvolvimento da metodologia à introdução de um quadro LCA para sistemas fotovoltaicos marinhos (PV). *Renewable and Sustainable Energy Reviews.*

Looney, B. (2020). *Statistical Review of World Energy (Análise estatística da energia mundial).* Londres: Statistical Review of World Energy BP p.l.c. 2020. Recuperado em 1 de fevereiro de 2021

Mafalda Silva & Hanne Lerche Raadal. (2019). *Emissões de gases com efeito de estufa do ciclo de vida das tecnologias de produção de eletricidade renováveis e não renováveis.* Aalborg 0st: Universidade de Aalborg.

Marx Hendrik, Forin Silvia & Finkbeiner Matthias. (2020). Avaliação do ciclo de vida organizacional de uma PME prestadora de serviços para projetos de energia renovável (PV e eólica) no Reino Unido. *MDPI,* 1-3.

Mayor Beatriz, Ignacio Rodríguez-Muñoz, Fermín Villarroya, Esperanza Montero & Elena López-Gunn. (2017). O papel da energia hidroelétrica de grande e pequena escala para a segurança energética e hídrica na bacia espanhola do Douro. *MDPI,* 8-12.

Michail Tzalamarias, Ioannis Tzalamarias, Andreas Benardos, V. Marinos. (2019). Projeto e construção de salas e pilares para mineração subterrânea de carvão na Grécia. *Engenharia Geotécnica e Geológica.*

Mills, S. (2014). A fronteira energética da combinação de sistemas de carvão e energias renováveis. *Corner Stone, 2*(4), 5-9.

Morales Pedraza, J. (2013). Principais acidentes nucleares mundiais e seu impacto negativo no meio ambiente, na saúde humana e na opinião pública. *Revista Internacional de Energia, Meio Ambiente e Economia, 21,* 1-23.

Moreno Ruiz E., Valsasina L., FitzGerald D., Symeonidis A., Müller J., Minas N., Bourgault G., Vadenbo C., Ioannidou D., Wernet, G. (2020). *Documentação das alterações implementadas na base de dados ecoinvent v3.7.* Zurique: Associação ecoinvent.

NCEA. (2018). *ESIA and SEA for Sustainable Hydropower Development.* Utrecht: Comissão Neerlandesa para o Ambiente.

Newell Richard G., Daniel Raimi, Seth Villanueva e Brian Prest. (2020). *Global Energy Outlook 2020: Energy Transition or Energy Addition?* Washington, D.C.: Resources for the Future.

NHA. (2018). *Relatório sobre armazenamento por bombagem.* Washington: National Hydropower Association.

Okukua E. Ochieng, Bouillona S., Ochiewob J. Odhiambo, Munyib F., Kiteresib Linet I. & Mwakio T. (2015). Os impactos do desenvolvimento hidroelétrico no sustento dos meios de subsistência rurais. *Revista Internacional de Desenvolvimento de Recursos Hídricos*, 8-15.

Palsson Ann-Christin & Riise Ellen. (2011). Definir o objetivo e o âmbito do estudo de ACV. *ResearchGates,* 1-5.

Perera, F. (2017). A poluição causada pela combustão de combustíveis fósseis é a principal ameaça ambiental à saúde pediátrica global e à equidade: Existem soluções. *Revista Internacional de Investigação Ambiental e Saúde Pública,* 2-12.

Petrescu, Florian Ion & Petrescu, Relly (2015). Energia hidroelétrica e armazenamento por bombagem. *Revista Alternativa.*

Pioro Igor & Duffey B. Romney . (2015). A energia nuclear como base para a futura geração de eletricidade. *Jornal de Engenharia Nuclear e Ciência da Radiação.*

Plewa, Franciszek & Strozik, Grzegorz. (2017). Importância da hulha na produção de eletricidade na Polónia. *Série de conferências IOP: Ciência e Engenharia de Materiais.*

Riedy, C. (2016). Climate Change (Alterações climáticas). Em G. Ritzer, *Blackwell Encyclopedia of Sociology.* Sydney: Blackwell.

Rybaczewska-Blazejowska, Magdalena & Palekhov, Dmitry. (2017). Avaliação do Ciclo de Vida (ACV) na Avaliação de Impacto Ambiental (AIA): princípios e implicações práticas para projectos industriais. *Management, 22,* 145-146.

Sala, S., Reale, F., Cristobal-Garcia J., Marelli, L. & Pant R. (2016). *Avaliação do ciclo de vida para a avaliação do impacto das políticas.* Cidade do Luxemburgo: EUR 28380.

Samuel C.Johnson, F.Todd Davidson, Joshua D.Rhodes, Justin L.Coleman, Shannon M.Bragg-Sitton, Eric J.Dufek &Michael E.Webber. (2019). Seleção de tecnologias favoráveis de armazenamento de energia para energia nuclear. Em F. D.-S. Samuel C.Johnson, *Armazenamento e hibridização da energia nuclear* (pp. 119-175).

Sayed Enas Taha , Tabbi Wilberforce, Khaled Elsaid, Malek Kamal Hussien Rabaia, Mohammad Ali Abdelkareem, Kyu-Jung Chae, A.G. Olabi. (2020). A critical review on Environmental Impacts of Renewable Energy Systems and Mitigation Strategies: Wind, Hydro, Biomass and Geothermal. *Ciência do Ambiente Total*, 2.

Schweinfurth, S. P. (2009). Uma introdução à qualidade do carvão. Em P. S. Brenda, & D. O. Kristin , *The National Coal Resource Assessment Overview* (pp. 7-14). Virgínia: The National Coal Resource Assessment Overview: U.S. Geological Survey Professional Paper 1625-F.

Seresová Markéta, Jirí Stefanica, Vitvarová Monika, Zakuciová Kristina, Wolf Petr & Kocí Vladimir . (2020). Desempenho do ciclo de vida de várias fontes de energia utilizadas na República Checa. *MDPI.*

Sharma, Hemant & Singh, Jasvir . (2013). Escoamento da planta do rio: Status and Prospects. *Revista Internacional de Tecnologia Inovadora e Engenharia de Exploração (IJITEE), 3(2).*

Siddiqui Osamah & Dincer Ibrahim. (2017). Avaliação comparativa dos impactos ambientais das centrais nucleares, eólicas e hidroeléctricas em Ontário: Uma avaliação do ciclo de vida. *Journal of Cleaner Production* .

Skrzypkowski, K. (2020). Diminuindo as perdas de mineração para o método de sala e pilar, substituindo os pilares entre salas pela construção de berços de madeira preenchidos com resíduos de rochas. *MDPI*, 3-11.

Repositório de Investigação de St Andrews. (2006). *The role of nuclear power in a low carbon economy:Paper 1: An introduction to nuclear power - science, technology and UKpolicy context.*

Steinmetz Maria & Sundqvist Nathalie (2014). *Impactos ambientais de pequenas centrais hidroeléctricas: A Case Study of Boras Energi och Miljö's*

Hydropower Plants. Gothenburg: Universidade de Tecnologia de Chalmers.

Timur, Mustafa & Doğan Çalışkan, Zehra. (2017). A Importância das Fontes de Energia na Prevenção da Poluição Ambiental. *Revista internacional de literatura inglesa e ciências sociais, 2,* 68-73.

Tokimatsu, K., Kosugi, T., Asami, T., Williams, E., Kaya, Y. (2006). Avaliação das emissões de CO2 do ciclo de vida do sector da energia eléctrica japonês no século XXI em vários cenários nucleares. *Política Energética,* 833-852.

Turconi Roberto, Alessio Boldrin & Astrup Thomas . (2012). Avaliação do ciclo de vida (LCA) das tecnologias de produção de eletricidade: Overview, comparability and limitations. *Elsevier.*

Agência de Proteção Ambiental dos Estados Unidos. (2008). *Coal Mining Detailed Study (Estudo pormenorizado sobre a extração de carvão).* Washington, D.C.: Agência de Proteção Ambiental dos Estados Unidos.

WCA. (2020). *Carvão e eletricidade: Como é que o carvão é convertido em eletricidade.* Recuperado em 27 de fevereiro de 2021, da World Coal Association: https://www.worldcoal.org/coal-facts/coal-electricity/

Weijun Gao, Weiding Long, Jianxing Ren & Toshio Ojima. (2018). Consumo de energia e seu impacto no meio ambiente em Xangai, China. *Jornal de Arquitetura Asiática e Engenharia de Construção*, 151-155.

Winter Sarah, Emara Yasmine, Ciroth Andreas, Su Chun & Srocka Michael . (2015). *openLCA 1.4: Manual do utilizador abrangente. Versão do software: 1.4.1.* Berlin: GreenDelta.

Wolfova, M & Estokova, Adriana & Ondova, Marcela & Monokova, A. (2018). *Comparação da parede de rolamento externa usando três perspectivas culturais na avaliação do impacto do ciclo de vida.* Série de conferências IOP: Ciência e Engenharia de Materiais.

Wong, S. (2021, 27 de janeiro). *Reatores nucleares operáveis em todo o mundo 2020.* Recuperado em 27 de fevereiro de 2021, de Statista.com: https://www. statista.com/statistics/267158/number-of-nuclear-reactors-in-operation-by-country/

Woods J. S., Damiani M., Fantke P., Henderson A. , Johnston J., Bare J., Sala S., Maia de Souza D., Pfister S., Posthuma L., Rosenbaum R. K., Verones F. (2019). Qualidade do ecossistema em LCIA: status quo, harmonização e sugestões para o caminho a seguir. *Jornal Internacional de Avaliação do Ciclo de Vida,* 3-6.

Associação Nuclear Mundial. (2020). *World Uranium Mining Production* . Recuperado em 28 de fevereiro de 2021, de World Nuclear Association: https://www.world- nuclear.org/information-library/nuclear-fuel-cycle/mining-of-uranium/world- uranium-mining-production.aspx

Associação Nuclear Mundial. (2021, abril). *Visão geral do ciclo do combustível nuclear.* Recuperado em 5 de maio de 2021, de World Nuclear Association: https://www.world- nuclear.org/information-library/nuclear-fuel-cycle/introduction/nuclear-fuel- cycle-overview.aspx

Yang Ying-Hsien , Lin Sue-Jane & Lewis Charles . (2012). Avaliação do ciclo de vida da seleção de combustível para a produção de energia em Taiwan. *Jornal da Associação de Gestão de Ar e Resíduos.*

Yusuf, S. A. (2014). *Impacto do consumo de energia e da degradação ambiental no crescimento económico na Nigéria.* Munique: Arquivo Pessoal RePEc de Munique.

Zierold Kristina M. & Odoh Chisom (2020). A review on fly ash from coal-fired power plants: chemical composition, regulations, and health evidence [Uma revisão das cinzas volantes das centrais eléctricas a carvão: composição química, regulamentação e dados de saúde]. *Revisões sobre Saúde*

Ambiental, 55(4), 401-418.

Zohuri, B. (2018). Introdução à indústria de energia nuclear. Em C. Springer, *Small Modular Reactors as Renewable Energy Sources* (pp. 1-61).

APÊNDICES

Apêndice 1: Resumo dos impactos ambientais, sociais e económicos da produção de hidroeletricidade (NCEA, 2018)

Environmental Impacts	Social and Economic Impacts
• Impacts of reservoirs on terrestrial ecosystems and biodiversity, leading to potentially irreversible loss of species populations and ecosystems;	• Delay between the start of planning and (uncertain) construction, leading to reluctance to invest in potentially flooded (dam-designated) areas;
• Emission of greenhouse gases associated with reservoirs (strongest in tropical areas);	• Temporary influx of construction workers during construction; related social tensions;
• Impacts of altered downstream flows on aquatic ecosystems, on the natural flood cycle of downstream floodplains and on the salt/freshwater balance in estuaries;	• Displacement of people and livelihoods: the larger the number of displaced people, the less likely it is that livelihoods can be restored; disruption of downstream livelihoods through changes in provision of ecosystem services;
• Upsetting of sediment balance of rivers and coastal ecosystems leading to coastal erosion;	• Disproportionate levels of displacement and negative impacts on livelihood, culture and spiritual existence of indigenous peoples and vulnerable ethnic minorities;
• Barrier effect of dams on migratory species and fisheries in the upstream, reservoir and downstream areas;	• Numerous vector-borne diseases, associated with reservoir development in tropical areas, such as malaria, schistosomiasis, Rift Valley fever, Japanese encephalitis;
• Cumulative impacts of a series of dams on a river system.	• Loss of cultural heritage;

Apêndice 2. Limite do sistema

A2.1 Limite do sistema de energia nuclear

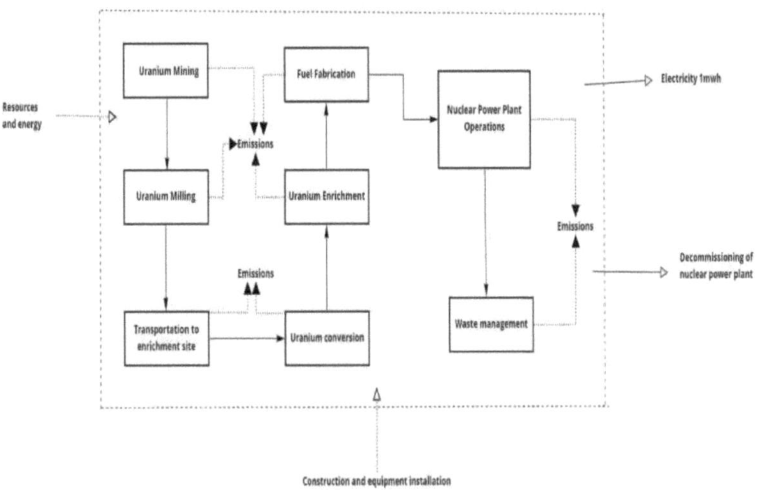

A2.2. Limite do sistema de energia hidroelétrica

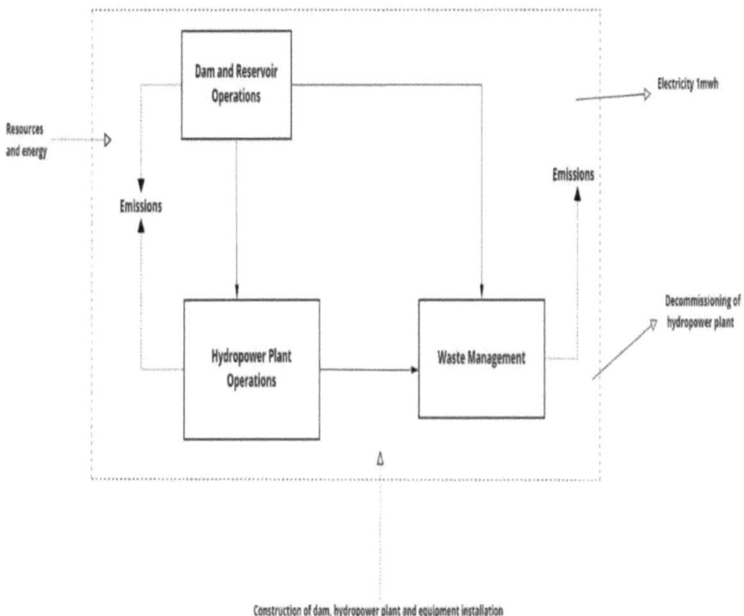

A2.3. Tecla de seta da fronteira do sistema

Process connector arrow

Emission arrow

Input arrow

Output arrow

Printed by Books on Demand GmbH, Norderstedt / Germany